アンリ・ルベーグ

量 の 測 度

柴垣和三雄訳

みすず書房

SUR LA MESURE DES GRANDEURS

by

Henri Lebesgue

L'Enseignement Mathématique, Genève, 1956

序

　私は H. フェール教授に感謝の意を表したい．同氏の評論誌上に，そこに普通掲載されるものに比べ初等的な，これらの論説を受理されたことに対して．このような歓待が必要とされた唯一の口実は，それらが数学教育の諸問題を取扱っていることであろう．これらの数篇は，その中に含まれている科学的内容の分量が少ない割に，非常に長いので，なおさら有難く思われる．というのは，これらは，事実よりもむしろ意見に関係があり，そのため，誤解を避け，かつ意見を支持する議論を行うことが必要だったからである．私がこれらの論説を書こうと考えるに至った次第は，次の通りである．

　1910年以来，私は，男子および女子の二つの高等師範学校の，いずれかに，教師として勤務し，中等教育の教員養成に専念してきた．この養成で実施するのは，中等教育学級の課程に基づく授業を行うことである．したがって，これらの計画について反省し，また，最も頻繁に若い教師たちをつまずかせる困難点を観察する機会をもった私は，ある種の長所とある種の短所が，こうもしばしば現われるものかと驚いたことである．また教科書を審査し，それらにより，また審査委員会の諸報告により，教育職の現実の傾向について知らされる機会をもった．他方において，私は大学入学資格あるいは大学入学の試験を課してきたこの三十年間，教育の結果を評価する立場にあったので，例のよく数学者を逃げ出させる形容語をあえて用いるならば，教育学的性格の論説を書こうという考えが私に起こったことは，決して意外なことではない．

　L'Enseignement Mathématique 誌上に掲載されるこれらの論説の中で，私は量の測度を論じるだろう．これ以上に基本的な主題は，ほかにない：量の測度は数学のあらゆる応用の出発点であり，かつ応用数学は，誰が見ても，純粋数学，数理論理学より先にあったから，幾何学は普通，面積や体積の測定から

始まったと考えられている；他方，この測度は，数，すなわち解析学の対象そのものを供給するのである．また量の測度は，初等，中等，高等の三つの指導段階にわたって話題にされる．この三つの指導段階にわたってなされる事柄のこの接近は，全体を理解し統合しようとする努力の一例を提供するものである．これは，将来教師になる人々の養成には，彼らに要求されている仕事，孤立した授業の言葉の上での磨きよりも，有効に寄与するであろうと私には思われるのである．

以下の諸章において，読者は私が問題をできるだけ簡単かつ具体的なやり方で，しかもそのため論理的厳正さを失うことなしに，論じようと努力したことを見るであろう．この理想は，実験的科学においてさえ，抽象的で学問的な考察が主要な役割を演じているご時勢では，少し古臭く見えるかもしれない．しかし，そのような考察を達成した人々は，現実について特別に鋭い感覚を具えていたからこそ，抽象の中へ移行するとともに有用な仕事をなすことができたのである．現実についてのこの感覚こそ，若い人々の中に呼びおこすよう努めなければならないものである．その後に，そしてその後にのみ，抽象への移行が役立つものになるのである．そのとき人は絶えず抽象的なものの中に具体的なものを見，一般的なものの中にすべての真に有用な事例を見ることができるであろう．

二つの章，それはある意味で準備であるが，そこで私は整数を論じ，それから量の測度に欠くことのできない数を論じる．ついで私の本来の主題に到達し，面積，体積および量一般を論じるであろう．

目　次

　序

I　集団の比較．整数
   1. 数えること………………………………………………………………… 1
   2. 算術は実験的科学である………………………………………………… 2
   3. 算術の応用について……………………………………………………… 3
   4. 十進法を用いる教育学的理由…………………………………………… 5
   5. 続　　き…………………………………………………………………… 6
   6. 形而上学を授業から引き離すこと……………………………………… 7

II　長さと数
   7. 長さの測定によって整数から最も一般な数に移行すること………… 9
   8. 数の過大近似値と過小近似値……………………………………………10
   9. 数の加法……………………………………………………………………12
  10. 数の乗法……………………………………………………………………13
  11. 数の減法と除法……………………………………………………………14
  12. 単位線分に関係しないこと………………………………………………15
  13. 数の「数学」学級での取扱いに対する教育学的批評…………………16
  14. 続き．なぜ「数学」学級で無理数を避けることになるのか…………17
  15. 切断の考えを使うこと……………………………………………………21
  16. 私の提案した説明法の利点………………………………………………22
  17. 続き．その意義……………………………………………………………23
  18. きっかりとした計算の意義について……………………………………25
  19. 通約不能な距離の比………………………………………………………27
  20. 距離の比は数である………………………………………………………29
  21. 私の説明法によるタレスの定理などの証明……………………………30
  22. 角と弧の取扱いと数………………………………………………………31
  23. 標準尺度による間接的比較………………………………………………33

III 面　　積

24. 面分の面積の概念．第一の説明法．正方形網目……………35
25. 長方形の面積……………37
26. 多角形の面積（第一の説明法による）……………38
27. 続　　き……………39
28. 面分が面積を持つための条件……………40
29. 合同な面分の面積……………41
30. 長さの単位の変更……………43
31. 面積の公理的定義……………44
32. 多角形の面積の古典的評価式……………45
33. 多角形の面積の第二の説明法……………46
34. 二つの説明法の比較……………50
35. 多角形の面積の第三の説明法（測量師の方法）……………50
36. 教授上の問題と教師への注意……………52
37. 面積の第四の説明法．有限同値な多角形……………53
38. 証明には一般な数概念に訴えることが必要……………56
39. 続　　き……………57
40. 教育学的な諸注意……………58
41. 線分と円弧で限られた面分の面積に第一法の適用……………59
42. ここの説明と教科書のそれとの比較……………60
43. もっと一般な面分への適用．具体から抽象へ……………63

IV 体　　積

44. 第一の説明法．立方体網目……………66
45. 合同な立体の体積……………67
46. 多面体の体積……………68
47. 立体の体積の変位に対する不変性（第一の方法の変形）……………69
48. 体積計算の簡単化……………70
49. 続き．角錐台の体積の公式……………71
50. 第一の説明法．面積に対する射影定理……………73
51. 第二および第三の説明法……………75
52. 薄片による公理 α, β, γ の検証……………77
53. 教育学的諸注意．丸みを持った立体の体積……………78
54. 面積や体積を定義する数とその数値計算について……………80

目次

- 55. n_i, N_i について計算するのでなく推論することの必要性 ……… 82
- 56. 計算か推論か ……… 84
- 57. 積分法による説明法の教育学的批判 ……… 85
- 58. 続き ……… 86
- 59. 抽象的関数概念の困難性 ……… 88
- 60. 体積の積分法による推論の困難性 ……… 89
- 61. 整数の平方の和の計算に対する注意 ……… 90

V 曲線の長さと曲面の面積

- 62. 前置きと教育学的注意 ……… 93
- 63. 歴史的要約. 幾何学的概念のコーシーによる代数化 ……… 94
- 64. 内接多角形と内接多面体の面積の極限について. シュワルツの逆説 ……… 96
- 65. 面積の古典的解析学的定義と逆説解明のためなされた諸努力 ……… 98
- 66. 長さに対する類比な逆説とそれに基づく反省 ……… 99
- 67. 曲線の長さの一般定義の提案について ……… 100
- 68. 長さの実験的決定とその古典的解析学的定義の間の接合 ……… 101
- 69. 曲線の長さの古典的解析学的定義の汎関数概念による意味づけ ……… 103
- 70. 曲線の長さの第一の説明法 ……… 106
- 71. 曲線の長さの存在 ……… 107
- 72. 曲線の長さの積分表示 ……… 108
- 73. 曲面積の第一の説明法とその円柱・円錐・球への適用 ……… 109
- 74. ジラールの定理の証明への応用 ……… 112
- 75. §73 の面積の定義の論理的正当化 ……… 113
- 76. 続き ……… 116
- 77. 曲面の面積の積分表示 ……… 119
- 78. 批判 ……… 121
- 79. 平面曲線の長さの第二の説明法 ……… 122
- 80. 同じく空間曲線の長さ ……… 124
- 81. 同じく曲面の面積 ……… 125
- 82. 第二の説明法に基づく諸量の積分表示 ……… 125
- 83. 結論 ……… 128

VI 測定可能な量

- 84. 序論 ……… 130
- 85. 量とは何かを考えるにあたってのいろいろな反省 ……… 132

86. 物体族に定義される量の第一公理 a) ……………………… 133
87. 続き．量の第二公理 b) …………………………………… 134
88. 関数関係にある二量についての基本的定理……………… 135
89. 量の第三公理 c) …………………………………………… 137
90. 諸公理についての反省…………………………………… 137
91. 比例する二量……………………………………………… 139
92. ジラールの定理などへの応用…………………………… 140
93. 幾つかの数に比例する数．古典的陳述の批判………… 142

VII 積分法と微分法

94. 序論．量（物体関数）と導来量（点関数）……………… 145
95. k 次元幾何学の概要……………………………………… 147
96. 諸領域の定義……………………………………………… 148
97. k 次求積可能領域の定義．k 次の面積とその存在条件… 149
98. k 次の面積が諸公理を満たすこと……………………… 150
99. 単純領域の求積可能性…………………………………… 150
100. 任意の求積可能領域の面積が公理 r を満足すること … 152
101. 面積の連続性……………………………………………… 152
102. 求積可能領域 $\varDelta$ の加法的関数 $f(\varDelta)$ ……………… 154
103. 領域関数 $f(\varDelta)$ の正の領域関数 $V(\varDelta)$ に関する導来数 … 155
104. 連続な点関数 $\varphi(P)$ の $V(\varDelta)$ に関する $\varDelta$ の上に取られた積分 … 156
105. 平均値の定理と有限増分の定理………………………… 159
106. $f(\varDelta)$ が積分問題の解であることの証明．記号 $\int_{\varDelta} \varphi(P) dV$ … 159
107. 積分の多重積分による表現……………………………… 161
108. 積分の累次積分による計算……………………………… 162
109. 続き．単一積分…………………………………………… 165
110. 積分法における変数変更………………………………… 166
111. 諸領域の向き……………………………………………… 170
112. 向きのある領域の上での積分の定義…………………… 172
113. 向きのある多様体の上の積分…………………………… 174
114. グリーンの公式…………………………………………… 176
115. 曲線の長さ・曲面の面積の諸概念の一般化…………… 178

VIII 結論

182

目　次	vii
本書で訂正した原著のミスプリントその他	190
訳者あとがき	193
索　引	197

I 集団の比較．整数

1 数えること　ごく幼い子供に，キャンデーを一つ自分に取り，二人の姉にもあげなさいと頼むと，子供はまず自分の分を取り，それから一方の姉のところへ一つ持って行き，引返してもう一つを取って他の姉のところへ持って行く．もう少し大きくなると，そんな往き来は避けて，僕の，ルイズ姉ちゃんの，ルネ姉ちゃんの，と言いながら，キャンデーを三つ取るであろう．

　二つの集団を比較しようとするとき，上記と類比なメカニズムにより，人は**数える**に到った，すなわち，二つの集団を一つの同じ標準的集団，ある種の句をなしている語の集団と比較するに到った，ということは自然に想像されるし，そして未開種族の中で行われた調査も，この仮説を確証するようである．これらの語は**数**と呼ばれる．数える，あるいは勘定することは，数の句（もしくは系列）のあの引き続く語のおのおのに，考える集団の異なる物を一つあて，心の中で結びつけることである．呼び上げられた最後の数が，その集団の数である．

　この数は，数えるという実験的操作の完全な報告だから，それの結果とみなされる．一つの実験結果は，他の実験の手数を省かせてくれる：四則算法の規則が，すでに数えられた集団から作られるある種の集団に対し，数えることの操作を免除するのである．

　これらの規則に基づいて，よく定理として掲げられる種々の事実が確かめられる．その証明と考えられるものは，実のところ実験的立証に他ならない——たとえば，積は因数の順序に無関係であるという定理である．これらの規則はみな一つの集団に付与される数は，数えるときにその集団の要素が配列される順序には無関係だという，一般的確証から生まれるのである．

2 算術は実験的科学である　　上に要約したばかりの説明法が，算術の諸著作の中に見出される説明法とどんな点で異なるかを強調することは[1]，おそらく無用ではなかろう．私は J. タンヌリの著作を開く．なるほど，それにはたしかに，集団を数えるという操作が記述してあるし，またほとんど実験の記述と言うに等しい証明が読みとれる．しかし，実験的な数は，ここでは明らかにある形而上学的実在の単なる利用，応用なのであって，同書の第二項は，それの定義らしいものを与えている．「整数の考えは，異なる物の集団の考えから，抽象によって生まれる．それは物の性質には無関係である……」．しばしば「これらの物の性質と順序に無関係である」といわれる．

こうして，数は全く不思議なものとして提示されるが，きわめて多くの場合，人々は，これ以上に明白で簡単なものはないと，いそいで言い足すのである．P. ブートルーは『数学解析原論』の §2 にこう書いている．「数概念の起原と論理的意味とは，これまでずいぶん論じられたし，今後も続いて長く論じられるであろう．幸いなことにはこの概念は定義と注釈とを必要としないものである．人が数えることを知った遠い昔から，数は，それに基づいて人間の思考がなされる基本概念の一つとなったし，それの分析を試みるとき，最初はそれを曖昧にすることだけしかうまくできないくらい，じかにかつ明白に理解される概念である．これが，なぜ算術が言葉による不完全な諸定義の上に建設されたにかかわらず，どの時代でも特に完全な科学とされえたかの理由である．」

私の考えでは，算術の建設が可能だったことの事実は，P. ブートルーに組みして説明がつかないと言うより，もっと明白に説明できることである．というのはわれわれは，数を与える操作の記述という，数の完全な定義を利用するからである．かつて人々は，このような実験的定義に神秘性と形而上学とを付加することがふさわしいとしてきた．教育はもはや神秘さなどは相手にしない．それはそれに向き合ったとき中性の立場をとり，たとえば，13 という数を吉

---

[1] 私がまず序数から始めたのに対し，これらの説明法では，数は最初基数の意味で現われる，という事実を私は指すのではない；得られた結果が対象を数える順序に無関係なことが確立されたとき，はじめて数は基数になるのである．

と見るか凶と見るかは，各人の自由にまかせる．なるほど教育は，伝統や，尊敬や，初歩的と考えられはせぬかという心配などから，形而上学を取上げる．ただ，教育はそれを利用はしない．これが，形而上学的概念のあいまいなことが算術の首尾にほとんど問題にならない理由である．このことを認めたとして，私は形而上学には最敬礼する．だが，それには暇が必要だろうし，目前にあるのはこの仕事だから，私はそれには中性を保ち，算術は他の諸科学と全く同様に実験科学であると考える．

3　算術の応用について

しかし「応用数学」以外に何もないなら，これまでいつも哲学者たちの注意を占めてきた「数学的確実性」はどうなるか？　それは退歩し，もはやわれわれの確実なものの中で単に不確かさが最も少ないものに過ぎないのである．人間が，絶対的なものにあこがれて，「特に完全な科学」となした算術は，われわれが有する諸科学の中で単に不完全さが最も少ないものに過ぎないのである．それは，実用においてわれわれを決して裏切らないところの，人間的に完全な科学である．そういう卓越性はどこから生まれてくるのか？

まず第一に，われわれがある実験的結果を応用しようと思うとき，非常にしばしば欺かれるのはなぜか？　それはそのような結果の限界が決してよくわからないためである．ガラス棒をこすると，小さな紙片をひき付けると言うとき，これは暗黙の，はっきりしない諸条件の充足を意味する．われわれは「ガラス」，「紙」，「こする」が何を意味するか精確にできねばならないし，時間，距離，質量，および大気の条件，等々を精確に示すことができねばならない．

算術，それは，その一つ一つが，人間が現われて以来，すべての人によって何度も繰返されたところの，きわめて少数の経験を用いるのみである．したがって，われわれには，どんな場合に算術が応用でき，どんな場合に応用できないかが，立ちどころにわかる．後のような場合には，算術を応用しようという考えは，心に浮ぶことさえない．われわれは算術が応用できる場合にのみそれの応用を考える．それで応用できない場合のあることを忘れてしまう．二と二

は四になる，とわれわれはきっぱり言う．

「一つのコップに私は二つの液体をつぎ，別なコップにまた二つの液体をつぐ．この全部を一つの器につぐ，器には四つの液体が入っているだろうか？——それはぺてんだ，算術の問題じゃない，とあなたは言う．

——一つの檻に私は二匹の動物を入れ，それからもう二匹入れる．檻には何匹の動物が入っているだろうか？——私が真面目でないことは前より明らかだ，とあなたは言う．何匹になるかは動物の種類による．一匹がほかのを食うかも知れない．この勘定がいますぐになされるのか，それとも一年後になされるのかも知るべきだ．一年もたてば死ぬかも知れないし，仔を産むのもあるかも知れない．つまり，あなたは問題にしている集団が変化するか否か，その中の個個の物がその個性を保持するかどうか，何かある物が現われるかあるいは消えるか，そんな事柄がわからない集団のことを話しているのだ．

——算術が応用できるためには，ある種の条件が満たされなければならないということ以外，これにはどんな意味があるか？　算術が応用できるか否かを決定するのに，あなたが私に与えたばかりの規則については，それは確かに実地に，実験的に，非常にすぐれたものだが，論理的価値は全然ない．それは算術は応用できる場合に応用できるということの告白である．こういうわけで，われわれは二たす二が四となることを証明し得ないが，それにもかかわらず，われわれは決してそれを使い損うことはないから，それはこの上もない真理である．」

　純論理学的な説明法では，それにおいては算術はどんな意味も持たない記号を取扱うのだが，二たす二が四となるのは単に一つの公理に基づくことである．私はここではこの種のいろいろな説明法については語らない．しかしそれらが有する多大の数学的重要性と，それらがわれわれに多くのことを教えてくれた事実を認めるにしても，それらを経験に頼らないで数概念を解明するものと考えようとするならば，それらは完全に失敗する運命にあると私には思われる．これらの論理的ゲームの中で，現実のものか想像のものかはあまり問題でないが，実際において記号の集団を取扱わねばならない，そしてその折にこの集団

に関して，すなわち数に関して，経験から得られたわれわれの全知識が入りこむのである．

4 十進法を用いる教育学的理由 哲学はこれまで数学教育に非常に重くのしかかっているので，私は誤解を避けるために，以上の説明をせねばならぬと感じた．しかしそのため私の純教育学的目標からははずれたことになった．私は，「数とそれを表示する記号とを混同してはならない」という通例の忠告は，われわれには何の意味もないということを注意して，私の目標にもどることにする．数えることは正確にはどういうことか，の説明がなされた暁には，数の系列を示すこと，すなわち十進法を説明するのが，適当であろう[1]．数の異なった呼び方がいろいろあるということは，ほとんど問題でない．英語とフランス語では言葉が違うという事実は，それにおいて対応が完全に明確とは言えないにしても，一方の言語から他方の言語への翻訳ができるので，われわれの妨げにならないであろう．それどころか，一つの命数法と別な命数法との間の対応は，絶対正確なものである；どの命数法を使ってもなんら不利なことはないのである．もしも人間に指が11本あったら，おそらく，11を底とする命数法を採用したかも知れないというようなことは，どうでもよいことだ．**われわれは一つの世界語，すなわち数の記法として十進法を自由に使える無類の機会をもつ．それを使おう．**

要するに，私はわが国の中等教育の高学年において，低学年や初等教育段階におけると同じ手続き，現代では見捨てられ軽蔑されると思われている手続き，それを用いることを望むのである．それを採用すれば，ほかにもいろいろ長所があるが，学生が中等教育の終りに算術を学ぶ唯一の目的は，その時まで無意識的にまた分析しないで感じていた事柄を，完全に明確にすること，明白に定式化しかつ意識的に把握すること，にあるということを，学生にはっきり理解させることができるであろう．現在では，それを理解するのは，少数の非常に

---

1) これは数についての諸定理を使わないでできる．そのうえ数の概念をもつすべての人々あるいは民族が，多かれ少なかれ初歩的な十進法を用いることも注意されたい．

天分のある学生，援助や指導を全然必要とせず，教師が気にかける必要のない真に異例な学生に過ぎない；他の学生にとっては，算術のこのような再考察は，新しいこと，全く不慣れなことであり，テストのために学ぶものであり，そして時として実際の計算と漠然とした関係しか持たないものである．

5 続 き 上に提案した類の説明法に対し異論があるとすれば，どんなことだろうか？ まず第一に，われわれの形而上学的習慣である．「かつては物のエッセンスさえ成していた数を記号と呼ぶのは冒瀆ではないか？」このことが最も多様な形で表明される懸念である．たとえば，chair という英語の単語と chaise というフランス語の単語は，ともに〔椅子という〕同じ対象を指すのだから，確かに互いに取換えて使用してよいといえよう．だが二進法の記号 101 と十進法の記号 5 を使う場合には，椅子という対象に類比なものは何であるか？ 5 の中に隠されている椅子に当るものはないのだから，もちろん言葉を翻すことによって困難を避け，椅子という有形の実体にとって代る 5 という形而上学的実在を語れば語れよう；これではつまり答えることを拒絶したのも同然であろう．

答えるには，一つの言語から別な言語へ，翻訳は語から語へは具体的意味をもった名詞にしか行えないこと，そうでない場合には翻訳は文から文へ行われることを注意せねばならない．説明の必要があるのは数という語ではなくて，その語が出てくる文章なのである．たとえば，次の文章を考えてみよう．二つの集団は同じ数を持っている；二つの集団は同じ数を持たない．ところが，これはまさしく冒頭に集団を数える操作を記述するとき説明したことにほかならない．かくして形而上学的懸念へのあらゆる口実が取り去られるのである．

同時に，数（語あるいは記号）の系列の選択が，理論的重要性からいえば，副次的なものであることは，数えることの記述からわかっている．それは現存の，あるいは考えうるあらゆる言語の中から，一つを選ぶことに過ぎないのである．しかし，何語かを選ばなければ，自分の考えを述べることができない．

中等教育では，目標の一つは，たとえそれが最も重要なものでないにしても，

計算規則の合理化であるから，私は中等教育の最初から十進法を選ぶことを提案する．実際の計算にもはや携わらないところの，高等教育では，これはおそらくまずい選択であろう．なぜならそこでは算術の勉強は，諸演算の種々の一般化には導くが，十進法の一般化には導かないからで，実際いまだかつて模倣されたことがないのである．そこでは，たとえば，a, b, c が三つの数で，d が a と b を c で割った商との積であるとすれば……というとき用いられるような，その場かぎりの命数法で満足するであろう．

私が中等教育で十進法を常用するとしたら，それは単に教育学的理由からである．そうすると時間が節約されるし，十進法で書かれた数は，若い頭脳がより容易に推論するところの具体物だからである．しかし，私は決してこの命数法の重要性を誇張するつもりはない[1]．それで，私が中等教育を了えたばかりの学生たちに向かって話すのであれば，私は，すでに述べた私の見解に背くと感じることなく，喜んでより抽象的な説明法を採用するであろう．数とは二つの型の合成，すなわち加法と乗法，が確立されている記号である[2]，と．

6 形而上学を授業から引き離すこと こうもながながと整数について述べたことを申しわけなく思う．けれどもこれは私にとって形而上学に対する私の態度を徹底的に説明する機会であった——誰であれ自分が受けた教育に形而上学や神秘論を付加することは各人の自由に任せるが，われわれの言語と思考習慣とが許す限り，形而上学を授業から引き離そうと私は努めているのだ——そのうえ，私が今後行なおうとする十進法の常用を説明する機会をもったのである．

この常用は，私にはきわめて自然で教育学的に望ましいと思われるので，なぜ十進法が普通にこうまで用いられることが少ないのかと質ねたほうが，いっそう適当であろう．第一に，その理由は，われわれの手本であるギリシャ人が

---

1) たとえば，拙著『積分法講義』第2版の最後の注意の第Ⅳ節を見られたい．
2) この陳述に関して，私は次のことを指摘しよう．数を実在物の地位から記号の地位に引きおろすことが冒瀆ならば，**それはすべての数学者が犯している冒瀆である**．したがって，私が主張しているこの説明法は，そのような責めのかどで取り立てて云々さるべきではない．

それを用いなかったことである．彼らがそうできなかったのは，形而上学のためと，特に彼らが不完全な命数法——われわれの十進法に似てはいるが非常に限られたもの——しかもっていなかったためである．それはきわめて限られていたのでアルキメデスは，あの風変わりな砂場での諸計算によって，それを相当拡張することが必要であった．実際このことで，限界のない記数法を持たないことが，数概念の正確な射程の理解に重大な障害となることがはっきりわかる．

　十進数法はギリシャ人の遺産ではない；そのため，この記法で論じられる事柄のすべては，ギリシャの教育にめっきはされたが，その中に合体はされなかった．われわれの教育もなお，科学史上で多分最も重要な出来事と思われるこの歴史的事件，すなわち十進法の発明を，まだ存分には利用していないのである．

II 長さと数

7 長さの測定によって整数から最も一般な数に移行すること 私はまた一つの説明法の簡単な要約から始めよう．私はこの説明法を，空間を研究するのに運動を用いるあの伝統的な幾何学の提示法にならって選んだ．確かにこのやり方は，幾何学の基礎になっている経験的事実を修得するのに，われわれの祖先がとったに相違ない手段に最も近いものである．

この説明法では，人間が距離を比較すること，等しい距離あるいは等しくない距離というような言葉を定義することの数々の必要性があったことを指摘して，その比較の仕方：一つの**線分 AB** を**単位線分**と呼ばれる線分 U と比較すること，を述べよう．半直線 AB 上に U を区切っていこう．まず A を始点として $A\alpha$ へ，次に $\alpha\beta$ へ，等々という具合に，そして A_1 を，この方法で点 B を通り越す以前に達しうる最後の点であるとしよう．もし U で三回区切ることによって A_1 に達し，A_1 が点 B の位置にあるならば（単位線分 U のもとで）AB の長さは 3 であると言おう．そうでないときは，AB の長さは 3 より大きいが 4 より小さいと言おう．これは，B が常に A_1 から出る U に等しい線分 A_1B_1 の点の中の一つであり，しかも点 B_1 でないことを意味する．

U を十等分しよう[1]; すなわち，それで測ると U の測度が 10 であるような線分 U_1 をとり，例の操作を繰返そう; そうすれば，A_1B_1 に含まれる線分 A_2B_2 に到達し，単位線分 U_1 での AA_2 の長さは，30 と 39 の間にあるだろう; たとえば，37 であるとしよう．そのとき，単位線分 U_1 での AB の長さは，少なくとも 37 に等しく 38 よりは小さいと言われる．

同様にして U_1 から線分 U_2 へ移れば，たとえば，376 と 377; それから，

---

[1] U_1 の存在に関しては，§21 の脚注を見よ．

3760 と 3761; それから, 37602 と 37603, 等々のような数字が得られるであろう.

さて, 今や数と呼ぶ, この限りない操作系列の完全な報告あるいは結果と見なす一つの記号を想像することが問題である. それへは, 以下の注意により, きわめて容易に到達できる: 測定の各段階で, 37 と 38 あるいは 37602 と 37603 というように, 正確に一単位だけ異なる二つの整数が得られるのである; したがって, 各段階での小さい方の数の列を知れば十分である.

さて, この列, 3, 37, 376, 3760, 37602, … は, 各数がその前の数の右側に数字をもう一つ書き加えることによって得られる列である. したがって, この列の数の任意の一つを知れば, それに先行するすべての数が供給される. ただし少なくともその数がどの段階で得られたものかがわかっているとしてである; その段階がわかっていないと, 37 が得られたことを知るとき, 次のようないくつもの場合からの選択が許されるであろう: (1) 数 37 が第一段階で得られた; (2) 数 37 が第二段階で得られ, 3 が第一段階で得られた; (3) 数 37 が第三段階で得られ, 3 が第二段階で得られ, 0 が第一段階で得られた; (4) 数 37 が第四段階で得られ, 3 が第三段階で得られ, 0 が第二段階で得られ, 0 が第一段階で得られた; 等々.

こうして, われわれは数の普通の表示法に到達する. この表示法では, 第一段階で得られた整数 (それ自体は 0 でもよい) の左側に置かれるゼロは何個あっても全く無意味である; 類比により, あるところから右側のすべての数字が 0 であるときは, それらのゼロは省略する, ただし小数点の左隣りにあるゼロはそのままにしておく. そういう場合, きっかりとした (あるいは有限な) 小数を扱っていると言われる.

8 数の過大近似値と過小近似値　後のために注意するが, われわれは有限小数の概念も有理数の概念も用いることなく, いやそれらを取上げることさえなしに整数の概念から直接に最も一般な数の概念に移行したのである. ここで有限小数に言及したのは, まだそれを使ったことがないという事実をはっき

り示すためであった．同様に，われわれは整数に対する演算からただちに一般の数に対する演算に移る；しかしながら，その前に，**右方へ限りなく延びて小数点を含んでいる数字の列が，すべて数であるかどうか**考えてみておく必要がある．すなわち，そのような列がある線分 AB を単位線分 U と比較することから生じるかどうか．このような列が与えられたとき，一つの半直線 AX 上に，A を始点として，AB を作ろうとすれば，逐次に線分 $A_1B_1, A_2B_2, \ldots$ が，おのおのがその前のものの中に含まれる入れ子の状態で得られる．幾何学の，陳述されたあるいは了解された諸公理から，これらすべての線分に共通な一点 B があり（連続の公理），しかもそのような点が**ただ一つである**（アルキメデスの公理）ことが従う．こうして明確に決定される一つの線分 AB が得られるが，AB の長さは，B が点 B_i のどれかと一致する場合を除けば，当初考えた数字の系列であろう．その場合は，容易にわかるように，系列の数字がある位からさきすべて 9 であるとき，かつそのときに限って起る．それゆえそのような列は除外することにすれば，他の列はすべて数である．

以上の推論は，より一般的な次の結果を与える：与えられた直線 AX 上の与えられた点 A を始点とする線分 AB は，他端 B が AX 上のある入れ子線分 $\alpha_i\beta_i$ の無限系列に属することが知られ，しかも任意の整数 n に対し十分大きな添数の線分 $\alpha_i\beta_i$ を単位線分に取れば，定線分 U の長さが n を超えるということであるならば，決定される．

これらの条件が満足されるとき，$A\alpha_i$（もしくは $A\beta_i$）の長さは AB の長さの過小（もしくは過大）な近似値で，これら二つの値の系列は**限りなく近づく**と言われる．それゆえ一数はそれに対して二つのそのような近似値列がわかれば決定される；そのうえ容易にわかるように，**この数の第 p 位の数字は，十分大きな添数のすべての過大近似値の第 p 位の数字である**．

これによってわれわれは測定法を一般化することができる．第一に，AB を BA にうつす変位が存在することから，AB と U の比較について述べた方法を A でなく B を始点とする諸線分をとって適用しても，同一結果が得られることを注意する．より一般的には，線分 U および U_i は，直線 AB 上の

点でありさえすれば，任意の点 ω を始点として区切ってよいのである.

ω を始点として，線分 U を，次に線分 U_1 を，次に線分 U_2 を等々，両方の向きへ限りなく区切るとしよう；そうすれば，やがて AB の測定に役立つ一つの**完全な目盛り** T が得られる．これに対し，a_ib_i を T の線分 U_i からなる AB に含まれる最長の線分とし，その両端に，それぞれ，U_i をもう一つつけ足した線分を $a_i'b_i'$ としよう.

a_i を A に移す平行移動は，b_i を Ab_i の上に従って AB の上にある β_i に移す；a_i' を A に移す平行移動は，b_i' をそれを超えて従って B を超えて向うにある β_i' に移す．よって a_ib_i と $a_i'b_i'$ の知られた長さは AB の二つの近似値で，それぞれ，AB より過小，過大なものである.

さらに，$\beta_i\beta_i'$ は $2U_i$ からなる；もし $\beta_i\beta_i'$ を単位線分にとるならば，U_{i-1} の長さは 5 であり，U の長さは $5\times 10^{i-1}$ である．よって，見出された諸近似値は限りなく近づく.

演算——整数の場合と同じように，数に対して行われる諸演算は，ある種の経験をなくてすませる；それらの演算により，これらの経験結果がどうなるかは，以前の経験結果を用いることにより，導きうるからである.

9 数の加法 われわれは，二つの線分の和の線分と言っているものはどんなものかを知っている；個々の長さがわかっている二つの線分の和の長さを求めよう．AB は線分 $A\omega$ と ωB との和であるとしよう；(AB), (ωA), (ωB) を三つの長さとする．(AB) を評価するのに，さきほど述べたばかりのやり方を，点 ω を始点にとって行おう．線分 $a_i\omega$ は U_i をある整数回含む，この数 $(\omega A)_i$ は数 (ωA) からその小数点も第 i 位の数字を超える諸数字も省略することによって得られるものである．ωb_i についても同様．よって，a_ib_i は U_i を $d_i=(\omega A)_i+(\omega B)_i$ 回含み，$a_i'b_i'$ は U_i を $e_i=(\omega A)_i+(\omega B)_i+2$ 回含む．したがって，U を単位線分とすると，a_ib_i と $a_i'b_i'$ の長さは，それぞれ d_i と e_i の右方の i 個の数字を小数点で区切ることによって得られる数である.

これによって，(AB)を与える規則，すなわち，二つの数，特に二つの小数を加える規則が生ずる．

加法の性質に関しては，等式 $x+y=y+x$ によって表わされるものだけを注意しよう；これは幾何学的定義から，あるいは計算の規則から，導くことができよう．

10 数の乗法[1]　単位線分 U による線分 AB の長さが，たとえば 37.425…，そして単位線分 V での線分 U の長さが，たとえば 4.632… というふうにわかっているとき，単位 V での AB の長さはいくらか？

4.632… は V の中に 10^i 回含まれる線分 V_i を単位線分として，U の中に 10^i 回含まれる線分 U_i を測ったときの U_i の長さでもあることを注意しよう．

さて，AB は線分 U_2 を 3742 回含み，一方 U_2 に等しい線分の 3743 個分から成る線分に含まれる．U_2 自身は V_4 の線分を 463 個含み，一方 464 個のそのような線分からなる線分に含まれる．よって，AB は V_4 で 3742×463 回区切られてできる線分 AB_2 を含み，V_4 で 3743×464 回区切られてできる線分 AB_2' に含まれる．単位 V_4 での AB_2 と AB_2' の長さがわかったから，単位 V でのこれらの長さは，右方の4個の数字を区切ることによって求められる．こうして単位 V での AB の長さの過小および過大な近似値が得られる．

あとはこの方法が限りなく近づく諸近似値を与えることを証明することである．さて，整数の乗法に関する法則により，線分 B_2B_2' は線分 V_4 を 3742+463+1 個含む；すなわち，単位 V_2 でのその長さは

$$37.42+4.63+0.01 < 37.425\cdots + 4.632\cdots + 0.01$$

である．

---

[1] 整数の乗法は，以下に述べるのと類比な言葉で，すでに定義されていると仮定する．乗法に導く問題はすべて，単位，または対象の変換の問題である：りんご 300 個を含む5つの袋；1メートル 28.45 フランの布地 2.75 メートルというように．

したがって，それは

$$N=(37+1)+(4+1)+1$$

より小である．

　同様に，与えられた二数の小数点下初めの三数字を用いるならば，単位 V_3 での長さが同じ数 N より小さい区間 B_3B_3' に導かれることになるだろう，等等．

　この数 N が何であろうと，N より大きい 10 の整数べきがある，それを 10^h としよう；ここでは $h=2$ である．すると B_iB_i' は単位の線分 V_i を N 個より少なく含むのだからなおさらそれを 10^h 個より少なく含む；言いかえれば，$i>h$ なる i に対して V は B_iB_i' に等しい線分を 10^{i-h} 個より多く含む，それで単位 V での AB の長さとして上に見出された諸近似値は限りなく近づく．

　よって，規則：与えられた二数の積と呼ぶ求める数の逐次の数字は，十分大きな i に対し与えられた二数の双方から小数点および第 i 位の数字を超える諸数字を落し，こうして得た二整数のおのおのを一単位だけ大きくし，このように大きくした整数の積を求め，最後にその積の右方の $2i$ 個の数字を小数点で区切る，こうして得られる数の同じ位置にある諸数字と同一である[1]．

　乗法の諸性質は，本質的には，等式 $xy=yx$；$(x+y)z=xz+yz$ によって表わされるものに帰する；これらは上述の規則からただちに導かれる．なお，第二の性質は，乗法の幾何学的定義から，何も考えなくていいくらいに従う，だが，第一の性質については同じにいかない．

　もちろん，$x\times 0=0\times x=0$ とおこう．

11　数の減法と除法　これらの演算は，幾何学的にも定義される，――この方は $b<a$ のとき $a-b$ が可能であり，$b\neq 0$ のとき a/b が可能であること，しかも解がただ一つなことをすぐにわからせる長所がある――また代数学

---

[1] この説明は教師向けのものであることを思い起していただきたい．学生たちに対してなされるべき用心については，§17 を見よ．

的にも，逆演算として定義されるだろう．こうして，結果の逐次の数字を与える規則に達するであろう；これらは，和や積の数字を与える規則に全く類似しているが，こんどは過大な二つの近似値の代りに，a の過大な近似値と b の過小な近似値とが用いられる．

減法と除法の諸性質に関しては，等式 $a \times \dfrac{b}{c} = \dfrac{ab}{c}$ を表わすものに話を限って十分であろう：これから

$$\frac{a}{\frac{c}{b}} = \frac{ab}{c} \quad \text{と} \quad \frac{\frac{c}{a}}{b} = \frac{c}{ab}$$

が導かれる．

単位 T での線分 S の長さを S_T で表わそう；V からさきに，a, b, c に対し逐次に T, U, S を

$$a = S_U, \quad b = U_V, \quad c = T_V$$

によって定めるとしよう；

$$S_T = S_U \times U_T = S_U \times \frac{U_V}{T_V} = a \times \frac{b}{c}$$

また

$$S_T = \frac{S_V}{T_V} = \frac{S_U \times U_V}{T_V} = \frac{ab}{c},$$

これは上の等式を証明する．

最も一般な数に関する計算規則は，こうしてすべて正当化される；有限小数または分数の計算規則は，これらの特別な場合である．

12 単位線分に関係しないこと この見解の射程を正確に査定する前に，私は今しがた概要を述べた説明法が次の基本的注意を許すべきであることを言いたい：

一数は単位線分 U が固定されたとき初めて具体的な意味をもつ；そのときそれは，与えられた数に基づいて，それを量的に，再構成できるはずの一つの線分と U との比較の結果である．このことからわかることは，二数 x と y

について，x が単位 U を用いたとき最も大であれば，他のどんな単位を用いても最も大であること；$z_1, z_2, \cdots, z_1', z_2', \cdots$ が単位 U を用いたとき一数 z にいくらでも近づく二つの系列であれば，他のどんな単位を用いても同様であること；関係 $u=s+t$ が単位 U を用いたとき真であれば，他のどんな単位を用いても真であること；等々が決して先験的に明白なことではないことである．これらすべての事柄が U の選択に無関係であって，たとえば，**二数の積**と言うことができて，U が単位のときの二数の積とは全く言えないのは，ただただ，x と y の数字の比較によってどちらが最も大きいかを知ることができ，z の数字が z_i と z_i' の数字によって決定され，s と t との数字が u の数字を決定するという，ただそれだけの理由からである．

　したがって，われわれは数に関する諸演算を，それに対しこれらの数の精しい具体的利用を引合いに出すことなしに，取扱うことができる．

　解析学の基礎をなすところのこの主要な事実は，次の幾何学的事実と関係がある：もし単位 U に関していくつかの線分の長さの間に一つの同次関係があるならば，この関係は，任意の他の単位に関してのそれらの長さの間にやはり存在する．一次元幾何学の公式の同次性と言ってもよいものが導かれるのは，このことからである．そのことは私の主題には関係がないので以上の指摘だけにとどめ，これから主題に戻って提案した説明様式の議論に移ろう．

13 数の「数学」学級での取扱いに対する教育学的批評　　読者の中には，だが，これはわれわれがいつもやっていることじゃないか！　と言う人があるだろう．私は即座に同意して，次の事実を自分の立場の拠り所とするだろう；実際，これは，実用的には人が常にやっていることだ；だが，理論的には，人は全く異なった主張を抱いており，この観点からは，前の説明法は断然革命的である．たとえば，フランスの教育でなされていることは，この点に関し他の国々で与えられているものと余りちがわないのだ．

　初等教育と，中等教育の初年級では，われわれは学者的なあるいはもったいぶった定義をせずに，数の計算をさせることによって，子供たちに数とは何か

を教える．まずただの一桁の数，それから二桁の数，最後に任意の整数．たとえば，メートル法によって，子供たちは小数点の使用を学び，小数の計算に慣れる．指導のこの段階では，前に述べたように，数は確かに数えたり測定したりする経験の報告である；数が形而上学に持って行かれることは決してない．

他方において，われわれは生徒たちに分数を取扱うことを教える；分数の計算をやるか，あるいは1を3で割るような割り算を行うか，あるいは平方根を開くか，いずれにせよそういうことから子供たちは，数字の無限列を用いなければ書くことができない数に遭遇する．われわれは確かに子供たちの注意をこの事実に過度に向けさせたり，この事実はおびえさせたりまごつかせたりするものであると子供たちに話すことを避ける，それで子供たちはおびえもせずまごつきもしないのである．

それで，われわれは，これらの段階における教育の間に，数の概念が修得されること，そしてどんな数についても演算が話せることを認めるのである．次いで幾何学で，斜辺の平方に進み，正方形の対角線 $a\sqrt{2}$ を計算する；代数学では，演算に現われる符号に関する規則を導入する[1]．だが正数に対するそれらの演算は既知であると仮定される．

こうして，われわれは全く経験的な起源の，少々不正確な概念を用いながら，大学入学資格（バカロレア）の第一部に，「第一学級」の終りにまで進む．しかし，その次の学級，すなわち科学的学習をさらに推進したいと思う学生たちのために準備された，「数学」学級において，人々は概念を改編しようとし学生により堅固な基礎を与えようとする．私の以下の批評なり見解なりは，その折になされる説明法にのみ関係があるのである．

14 続き．なぜ「数学」学級で無理数の議論を避けることになるのか 「数学」学級において，整数の概念が，次に分数の概念が，次に特別な分数と考え

---

[1] ついでに，向きを区別しない線分の使用をベクトルの使用で置き換えて，いましがた数に対して行ったように正数と負数に対する演算を定義するならば，符号に関する規則からすべての不自然な性格が取り除かれることを注意しよう．

られた有限小数の概念が取り上げられる．経験的に示唆された諸演算の定義は純論理的な形でなされる．これらすべては論理的に首尾一貫していて，私はすでに一応は述べたところの次の言葉を繰返すだけである：もしそれが整数と小数に関する計算法を正当化するに過ぎないなら，それは非常に遠い回り道である，しかもそれが小学校以来すでに知っている事柄を最終的にはっきりさせるただそれだけのことを問題にしていることを学生たちが十分に理解するには，初期の教育と余りに形式上の相違があり過ぎるという教育学的不都合を有するのである．しかしながら，私の主たる批評は，無理数の主題について，述べられていること，否むしろ述べられていないことに関係している．

　中等教育の最終の学級では，最初の学級におけるように，無理数の話は，ある意味では無理数を論じることを避けるためになされるようなものである．すでに頭の中で明白な事柄が，それを言葉に組立てることを学生たちに教えるために，もう一度復習される；過去四年間，一度も明白に論じられたことなしに十分役立っているものの，依然として曖昧どころではないままになっている有理数と無理数を，正確にしようという試みは何一つなされない．これらの数にはいたるところで出会う；いたるところで人はこれらの数について明白に語ることを避ける．算術では，量を測定するとき，長さの比較を論じるが，通約可能な場合を出ない．それ以外の場合は，あれこれと上手に省略されるか避けられてしまう．そしてまた，近似値に関しては，言葉どおりの詭弁の遊戯に身をまかせる．それまで語ってきたのは有理数についてだけだから，有理数の近似値についてだけしか語ることができない；ところで，これらの近似値は，有理数に対しては，他の残りの諸数に対するのとは全く比較にならぬほど興味が少ない．しかしこういう他の数は，いわば存在しないのである．全く単純なことだが，**なんら近似するあてがないものの近似値について語ろうとする**．

　どうしてこういうことになるのか，私は思い出そう．まず，「近似値」という表現の二つの意味の，あまり重大ではないがここでは非常に調法な，混同が生じている．数学の他の場所ではすべて，一数 ξ の ε までの**過小近似値**は，ξ より小さくて ξ とたかだか ε だけ異なる値を意味する．ここでは，1/10 ま

での過小近似値は，1/10 の整数倍で真値に含まれるものの最大のものを表わす．ところで，算術のこの入門では，この真値 ξ は実際には常に簡単な代数方程式 $f(\xi)=0$ の根であって，人は ξ について語ることなく，$f(x/10)$ と $f((x+1)/10)$ との符号の違いによって，その 1/10 までの近似値 $x/10$ を定義できるとする．それで次のように言うだろう：

x が $10A-Bx$ を正またはゼロにする最大の整数であれば，A を B で割った商の 1/10 までの過小近似値は $x/10$ である；

A の平方根の 1/10 までの過小近似値は，x が 10^2A-x^2 を正またはゼロにする最大の整数ならば，$x/10$ である．

ここに調べた二つの場合の大きな相違をよく注意されたい：第一の場合では，数 ξ は存在する，私の言う意味は，それは有理数で，われわれはそれについて語る**資格**があるということである；第二の場合では，それは存在しない．第一の場合では，$x/10$ は A を B で割った正確な商 ξ の，近似値という言葉の普通の数学的意味での，1/10 までの過小近似値である，これに反し，第二の場合では，$\sqrt{A}$ は存在しないから，$x/10$ は $\sqrt{A}$ の近似値ではない．学生たちがこの二つの場合における類比な文法的変形――一方の場合には許されるが，もう一方の場合には許されない変形――をやらないと期待しうるだろうか？

さらに，もしも数 $x/10$ が ξ の近似値でないなら，定義する場合は別として，それは何の役にも立たないだろう：2 の 1/10 までの過小な平方根は，たとえば，単位の長さの上に作られた正方形の対角線の測度の第二段階に得られるものだから，役に立つ．したがって，商あるいは平方根の 1/10 までの近似値ではなくて 1/10 までの商および 1/10 までの平方根というような変形を，あるいは用いる言葉の用心によって避けるふりをする文法的混同とでも言いたいことを，学生たちが引き起こすことは**免れない**ことである．

これには数学の授業にたびたびある，真の偽善がある：教師はいろいろと言葉の用心をするが，その用心は教師がそれに与える意味においては有効であっても，学生がそのとおりに理解しないことは**ほとんど請合い**であろう．不幸に

して，競争試験は，この小さなごまかしを行うのを，しばしば助長する；教師たちは自分の学生たちが小さな断片的問題をうまく解答するよう訓練しなければならない，それで模範解答を学生たちに与えるが，それらはしばしば真の傑作で，全く批評の余地のないものである．これを達成するために，教師たちはその問題を数学全体から隔離し，他の諸問題との連繋に心をくばることなく，この問題だけのために，完全な言葉を作り出す．数学はもはや記念碑ではなくて，堆積そのものである．この点をすべての教師たちが百も承知のことだろうけれど，私は強調するのである，すると彼らは皮肉たっぷりに，「コースの一個所では正確に，他の個所では全く自由にというのが，流行なんですよ」と言う，そしてこれについて善良な学生たちは，熱狂者にならずに，彼ら自身，十分懐疑的になるのに気づいてきた．計り知れないくらいの才能が細かい事柄の仕上げに費されてきた，今や努力せねばならないのは全体の改造である．

したがって，「数学」学級においては，1/10 までの計算をやろうとすれば，数を数字の列として定義することは避けられないと思われるが，しかもなお，この定義も他のいかなる定義も与えられない；この窮地から，あるときは 1/10 までの平方根の定義のようなかりそめのごまかしにより，あるときはなされていないことを事実と見なすことにより，脱出する：算術の再習に基づく唯一の進歩は次のものである：低学級において，ある種の商やある種の根の計算から，数が無数に多くの数字を持つことに気づくようになると私は前に述べた．この確証は今やいわば公式的なものになる；数字の列が周期的であるときは完璧だ，なぜなら循環小数を学ぶから，他の数字の列についてもほとんど完璧だ，なぜならある整数の平方根が分数でありえないことが証明されるから．

これは取るに足らない進歩である；私の考えでは，「数学」学級において意図されている数学の再学習は，主要概念：数の概念をはっきりさせないから，完全に出来そこないである．そのうえわれわれは算術の再学習の中にないものを他の場所に求めようとすべきではない：代数学と幾何学では，すでに修得されたものとして通約不能な数の概念が，また既知のものとしてこれらの数に関する演算が一般に使われるのである．

II 長さと数　21

15　切断の考えを使うこと　この欠陥は実にショッキングなことで，そのため「数学の特別学級」および大学において，とうとう！　教授要目には要求されていないのに，無理数の一つの定義が講義において与えられる，だがあるべき自然な場所からはずれているので少々驚くのである．最もしばしば切断が用いられる；諸演算が少々論じられる；結果の数字の決定にまで行くには十分ではないが．一方において十進法による無理数の表現については語ることが避けられる．

　このように，最後的に，だが中等教育を越えて勉強を進めようとする者に対してのみ，数の概念が真剣に考えられる．しかしながらそれは，すべての人にまず現われ，またわれわれがいつも出会う，数字の列というあの初等的形ではなされない；それは限りなく抽象的な形でなされるだけである：数は，すべての有理数すなわち整数と呼ばれるあの形而上学的実在物のすべての対の，これこれの性質を具えた二つの組への組分け（デデキントの**切断**）であると．

　同じような説明が「数学」学級においてなされないことはわかる；しかし，間違いのないことは，大学の学生たちでも，この陳述を幾分なりと理解しうるのは，それに何か具体的意味を与えたとき，一直線上の互いに後になったり先になったりする点々を頭に浮べたときである．そしてこの翻訳のもとに，無理数の定義は「数学」学級の生徒たちにも完全に吸収できるものとなる．それは結局のところ，任意の切断に一つの確定した線分が対応することを示すにある；ところで，このことは，「数学」学級の生徒たちに一度ならず，七度も八度も，念を押されることである．比例する量を比較するときはいつも，この確かめによって，通約可能な場合から通約不能な場合への移行がなされる：円の弧と中心角との比較，同じ底をもつ長方形の面積とこの長方形の高さとの比較，同じ底をもつ直角柱の体積とこの角柱の高さとの比較，等速運動によって経過される道程とこの運動の経過時間との比較，など．これと同じ確かめは，この主義を尊重して，同種の二つの量の比について語ろうとするときまた入ってくる，ただしその主義について，比とそれを測る数とを区別せねばならないとすることは私にはわからないのだが．そのときは，二つの比が等しいかあるいは一方

の比が他方の比より大きいことの定義を与えねばならない．そして，たとえば，次のように言うだろう，任意の整数 p に対して，線分 S_2 を p 等分し，また s_2 も p 等分したとき，S_1 が S_2 の分割から生じた部分を含む数が，s_1 が s_2 の分割から生じた部分を含む数に常に少なくとも等しいならば，二線分の比 S_1/S_2 は比 s_1/s_2 に等しいかあるいはより大である．そしてこの定義たるやそれは二つの切断の比較である．なおこれと同じ確かめが π を定義するのにも用いられる；つまり，そんなにしばしば説明に用いていることを，無理数を定義するのに用いたら好都合だろうという時に，躊躇するのである．よってそれをやる可能性があるわけであり，またそうすることは経済的でさえあろう．

しかしながらそれだけでは十分ではなかろう；なお無理数に対する演算について語る必要があろう．昔は，これらの演算の可能性は，そしてその意味さえもが，「解析学の一般性」から導かれた；私の若い時には，「極限へ」移行したものである．私は信ずるのだが，今の中等教育の生徒にとって，何もこれと変ってはいない；通約可能な数に対する演算から任意の数に対する演算へ移ることが問題のとき，すべては今なお二，三の魔法の呪文を使うことに帰せられる．これを改変するには，切断による定義に，ある説明を，それは「数学」学級において望みうる水準を越えるといって，それも故なしとはしないが，またあまりに時間がかかり過ぎるといって，躊躇するところの，ある説明をつけ加えることが必要であろう．

16　私の提案した説明法の利点　　私が提案した説明法には，あの形而上学にまつわるものと，きっかりとした命数法の使用とをきっぱり捨てるならば，これらの異議のみならず他のどんな異議をも唱える余地がない．この説明法は，初等教育の段階から高等教育の入口までいつも同じで，生徒たちの年齢に応じて展開されるであろう；幼少の者に対しては，ちょうど現在やられているように，主として確かめをやる，ほとんど証明はしないだろう；もう少し大きな子供たちには証明を与えるとよいだろう；もしどうしても必要だと感じるならば

証明できることのすべてを——もっともこれは私の意見ではないのだが．とにかく証明されることは，だれの目にも，既に知られており，承認されており，用いられている事実の，論理的正当化と見えるだろう．

　高等教育に達すると，学生たちは十分成熟して，これまでに数を定義するのに用いられた手続きのより完全な解析をたどることができるだろう．この手続きが持っているあまりに特殊な，不必要なほど正確なものが彼らに示されるであろう．というのは，数を決定するには，したがってそれを定義できるようになるには，目のあまりに粗い整数尺度によって位置を示すでは十分でないからである．まず（いたるところ稠密な集合と呼ぶものを構成して）新しい数を作る必要がある．この集合は私の説明法では有限小数の集合，これまた，きわめて精確に選ばれた集合である．そして古典的な説明法で数学において絶えず用いられる手続きを利用して，この特別な集合を通約可能な数のより大きな集合の中に埋め込む．最後に，比較の集合がこのように無限に稠密な網目になったので，すでに定義された諸数に関するその位置によって定義さるべく残っている諸数が決定されるだろう．そして，これが**切断の方法**である．

　これらの利点のほかに，教科課程の軽減がかくもさしせまって必要とされるこの時点において重要な，他の利点をつけ加える必要がある．それは算術の二つの章——分数と小数に関するもの——を省略でき，その結果として，他のさまざまの項目が削れることである．

17　続き．その意義　私は整数から，ただちに，一般の数へ進むのだということを今までに何度か強調した．それがどういうつもりなのかを本当に明確にすべき時がきた．私は，たとえば，任意の数の乗法について話すいくらか前に有限小数の乗法について話すことに異議があると言うのではない，それどころか，誰でもがより簡潔でより明確な陳述をそのようにして与えうることおよびより容易にそれらを正当化しうることに気づくという長所は，私にわかるのである．私が言いたかったのは，小数に関して別に完備した理論を作るのは無駄だということである．たとえば，もし私が教師たちにでなく学生たちに乗法

について話さねばならないとしたら，私は前に用いたところの乗法の一般な定義をした後で，まず二数がともに小数の場合にそれを使って見せ，そうした後ではじめて一般な場合に使うだろう．こんな具合に，私は一般規則のいくらか前に，有限小数に対する演算の規則を持つであろう．**私は乗法の性質の証明はただ一挙に一般な場合に対して与えるだろう．**

議論の詳細に関する以外は，有限小数と通約可能な数とは特殊な場合として現われるに過ぎないであろう．したがって，分数の理論についておそらく一言も話さないだろう．というのは，分数 a/b は単に a を b で割った正確な商に過ぎないし，分数に対する演算

$$a \div \frac{c}{b} = \frac{ab}{c}, \quad \frac{a \cdot b}{b \cdot c} = \frac{a}{c}, \ldots$$

は単に数に対する演算の特殊な場合に過ぎないだろうから．かくして，われわれは「数学」学級において分数の理論については一言も話さないだろう，なぜならそれは，もはや，数の概念や演算の規則の解明には役立たないだろうから．もちろん，普通の分数の小数への転換や循環小数のことを話すことはなかろう．

しかし，初等教育において，中等教育の第六および第五学級において，われわれはなお分数の話をするだろうか？　否である．これは理論になくてならぬものでなく，実用的には何も役立たないものだから；私は思うのだが，22分のいくつと 37 分のいくつとに諸演算を行うことは，有用性のゆえに酌量すべき情状があるなどの理由はさらさらなく，全くの残酷好きから十二歳の子供たちに押しつける殉教のようなものだと私が言うとき，人々は同意してくれるだろう．いやもちろん，懸命にさがせば，分数のある種の「応用」が見つかること，ある種の機械工たちがねじにねじ山を切る場合に分数で計算することを私は知っている．しかし自分の職業の実用と学校で受けた教育との間に何かの関係を確立した者は，彼らのうちに十人に一人とはなく，そして例外的に，そういう関係が確立された場合，人は分数を理解させたのはねじであって，分数がねじを理解させたのではないと主張することができる．

初学年では，私の提案する改革は，分数という語を何か他の語，たとえば，比で置きかえることに帰せられるように見えるかもしれない．なぜならば，たしかに性質

$$\frac{a}{b}+\frac{c}{b}=\frac{a+c}{b}, \qquad \frac{ab}{bc}=\frac{a}{c}$$

を扱わなければならないし，二数（任意のそしてもはや整数に限らない）の比の計算のための相当する規則を与えなければならないからである．しかしながら，もし子供たちが，通約可能な数に対する n 分のいくつという命数法と十進法との，二つの命数法をもう学ばないことが同意されたなら，答が 3/7 の場合に 0.428 を出すことが子供たちに許されたなら，この改革は有効だろう．

実際，a と b とが整数のとき a 割る b あるいは a/b はなお「b 分の a」と読まれるが，この言い方がもはやわれわれに分数の理論全体を展開させることを強要しないのは，quatre-vingt-douze（九十二のフランス語，文字通りには「四つの二十（と）十二」）という語が，二十を底とする命数法の研究をわれわれに強要しないのと全く同じである．

18 きっかりとした計算の意義について　私にはすべての教師たちが抗議するのが聞える．その中のある者は，分数は幼い生徒たちに数限りない練習問題を供給するという理由で．だがその心配は束の間で，彼らは練習問題は常にたくさんあるものだということに気づくだろう．それより他の教師たちの苦情の方が私の心を動かす．実を言えば，私自身も同じ苦情を懐くのである．「数学学級において分数の理論を削除することは，すばらしい一章を削除することになる．今なお残っている諸章の中で，それは，すぐ役立つだけの目的で存在するのでないところの，**純粋な美感を与える**，おそらく唯一のものだろう．」

かつて議論したことだが，別な専門の教師たちに以下の事由で異議を唱えたことを想起しよう．教材の実用的興味がないと，その教育はもはや関心を惹かないものになるというより，それを全く生徒たちに興味のないものにする危険性がある．反対に，すべての専門は文化に効果的に協力できるものであり，そ

れはらすべてその技術を習得するのに長い努力を要するものだから，人は，できるだけ，その技術が実用的にもっとも有用なものを選ぶであろう．もちろん，教師は生徒たちを教材の美しさに直面させる機会を利用すべきだが，美は教材ではないし，美を教えようとするといつも趣味を歪め，俗物を作るのみである．一事が万事で，他のことに成り立つことは，われわれにも成り立つ．そのようなわけでわれわれは，数学の教育のさまざまの段階で，きわめて美しいものがすべての人により直接に役立つ他のものに席を譲らねばならなくなって，プログラムから消失するのを見てきた．十分な年月がたって，今では論争がすべて静まった一例を挙げるならば，教師たちはディオファントス解析と連分数論との消失を目のあたりに見た．それは残念でないわけではない．けれども，数学的観点からはきわめて興味深いが，非常に特殊で，実用的重要性が全然ないこれらの学問は，選ばれた小範囲の学生たちに対してだけ教えられるのが当然ではないか？

　古代人によってそれだけが認められた有限できっかりとした計算法のすべてが，その数学的重要性を維持してきたにせよ，それらが今日の数学者たちに熟知され学ばれる必要があるにせよ，一般的には，その実用的重要性は著しく減少し，時としては完全に消滅した．いたるところで，これらのいわゆるきっかりとした計算は，近似的計算によって押しのけられてしまい，きっかりとした計算が考慮に入れられるのは，そこから近似計算のもっとも簡単な方法が導かれるというだけの理由によることが非常に頻繁である．大学では，もはや，微分方程式を求積法できっかりと積分しうる場合や，不定積分をきっかりと計算しうる場合を，以前のように無制限にふやそうとはしない．これらの技術はできるだけ早く目を通す，もはやこれらは，正確な陽表式に訴えないで積分および求積を調べる他の諸章と調和しないのである．同様に，われわれの特殊数学学級ではもはや方程式の代数的解法には専念しないのである．

　この問題からあの問題へと正確な計算の概念は変っていく．だが，どの問題においても，正確という語は，無限の使用を避ける手段に適用される．ところで無限の概念は実用においては許容される．二つの十分に近い状態は実際的に

は同一だから，極限概念は神秘的ではない．数学者は，ギリシャ人にならって，極限の使用を避けざるをえなくなり，正確なもの，いやむしろ存在すると見なされる表現に対してのみ演算の定義される方法，新しい算術や新しい代数，を創造せねばならなかった．純粋数学と応用数学との間に離婚が行われたことがわかる．教育が初等的であればあるほど，それだけ多く後者の見地が考慮に入れられなければならない．しかし，数学者にだけ向けられるような，別な見解がとられる教育がなかったなら，それは数学の進歩のため悲しむべきことだろう．

すべての正確な式を複雑さの順に分類するときは，求積を含むものの前に，初等関数の記号のみを含むものの前に，代数的根号のみを含むもののさらに前に，式 a/b がある．これこそすべての正確な式の中でもっとも簡単なものである．それはギリシャ人にとって唯一の真に正確な式であった．なぜなら，彼らにとって，通約可能な数こそ，到達しうる，あるいは理解しうる，唯一の数であった．無限の概念をいっさい伴わない唯一の数だったからである．

われわれをこうも通約可能な数にしがみつかせるのは，この時代遅れの考えの遺物であることは明らかである．われわれはすでに消滅した教育の単なる名残りとして，それにしがみついているのである．通約可能な数の学習の場所はもはや「数学」学級にはないこと，だからこの学級で分数に関する章を省いてもなんら不面目なことでないということ，を認めるほうが，むしろ価値あることではなかろうか？　不面目はどこか他にある．それは将来の心配事ではなく，すでに存在している．何が不面目かといえば，ある国々，たとえばフランスにおいて，二数の対として扱われる分数の学習が単なる序章であるにすぎないところの，現代数学の中でもっとも活発な部門をなしている，この新しい算術と代数の話を一度も聞かないで，数学者としての学習を終えることが可能だということである．

19　通約不能な距離の比　よって私の提案している修正は，算術の中で，分数，小数，循環小数および近似計算の諸章を，長さの測定と数についての演

算に関する唯一の章でおき代えることにある．

　この章はまたある意味で幾何学の序章となり，幾何学において，二点間の距離について話す基礎ができるだろう．現在，幾何学の第一巻では距離数は話題になっていない．第二巻で角と弧の測度のことが出て後，ようやく第三巻で取り上げられる．しかも数を全く一般的に使用するためかなり遠慮してである．実際，距離について話すより距離の比について話すことが多く，距離数は距離を含む比例式の要素を斜めに掛け合わせるときにだけはっきりと姿を現わすのである．そのときには，距離数も数に対する演算も既知と仮定される．この伝統的な順序の起源は何なのか？　われわれはただ推測しうるだけである．

　長さの測定の実践は非常に古いことだが，それを精密に行う必要が感ぜられたのは，天文学が角の精密な測定を必要とするようになってからである．分度器はたぶんもっとも初期の精密器具である．教師たちは自分の生徒たちにこのすばらしい器具についてずっと早い時期に話をしたであろう．そして角と弧の測定の実践は，その結果，長さよりはるか以前に科学的性格を帯びてきたのであろう．したがって，幾何学で弧と角の測度を取扱うことは当然であり必要であった．距離の方はと言えば，それは根元的概念だったのである．彼らはそれを使用するときに，すなわちタレスの定理の時点で，それについて話した．しかしまさにこの時に通約不能という法外なことが現われた．この困難をよけて通ること，数を避けることが必要となった．これが，時として人々が，さきほど述べたように，二つの比の相等あるいは不等の定義を，それぞれ切断によって定まる二数の相等あるいは不等を断定するのと全く同じ手段方法で与えることでやった理由である．がしかし彼らは極力この事実を認めないように，そしてまた比較するこれらの数について語らないようにしたのである．彼らはそのとき自分たちは数を取扱ってはいないのだ，長さの比とこの比を測る数とは別物なのだと主張する．もしそれが4は長さの比であると同様に家兎の数でもあるというただそれだけのことでないならば，すでに言ったことだが，この区別の，意味もそれに対する関心も，私には納得できない．私はここに，一つの言葉を避けたいという切望だけが見え，「僕は，君の頭の上に載っているあの内

側に革の帯が外側にリボンがついた丸い物について話すのに帽子という概念は全然いらないよ」と言う人のことが思い出されるのである.

　私は，ある人々が強く固執し，私にはこっけいと見える一つの区別について，自分の理解が完全に欠けているのを見せるのに，ちっとも不安を感じない．なぜならば，われわれが相互理解の，そしてひいては教育の最良の方法を発見するのは，われわれの知性を率直に比較することにあるからである．

20　距離の比は数である　　私が幾度も注意した説明法は，何の長所も見分けられないとはいえ，私には論理的観点からは全く満足なものに思われること，そして数でないところの，二つの比の相等に関するタレスの定理が厳密に証明されることを言わねばならない．だが，距離の間の比例があって，その分母を払ったときは，話は数であるところの二つの比の相等に否応なしに進んでしまう．したがって，もし数である比とそうでない比との間に，少くとも，あるつなぎを設けなかったならば，非常に大きな論理的過失を犯すことになろう．この過失が，今しがた私が想像したような生まの形では，犯されることは稀である．しかしながらその例は挙げることができよう．だが人々はしばしばそれに軽く触れ，比は数としてのみ使われるので，教育において比を考えねばならないのは，この形でだけであるという，私には絶対確かであるところの，結論には達しない．私には理解されないところの，それの他の形は，形而上学的実在物のそれである．

　この過失は，線分の間の等式 AB/CD＝EF/GH から面積の間の等式 AB・GH＝CD・EF を推断した昔は決して犯されなかった；あるいは少くともそれを犯さないようにどうにかその推論を示すことができたであろう．しかしデカルトの戒律を適用することにより，人々は長さの数のすべての積を面積と解釈することを放棄した；われわれが長さの二数の比に対してもそれを適用するのは妥当なことである．これらすべての数，比，積，等々は数である，数以上の何物でもない．だが，もちろん，すでに述べたように，人が4について話すとき，4がウサギの数なのか，長さの比なのか，長さの積なのか，等々を知る

必要がある．

それに，序章において，われわれは AB の測度を単位 CD に関して定義したから，比 AB/CD に対して与えるべき定義はもはや何もない．この比はもう定義されている．それは数であって，そして十進法で書かれるのである．

21 私の説明法によるタレスの定理などの証明　では証明がどのように与えられるかを見よう．タレスの幾何学的定理：「平行な直線あるいは平面が，一つの横断線から等しい線分を切り取るならば，他の任意の横断線からも等しい線分を切り取る」は普通のやり方で証明されよう．

これは成り立つとして，いま平行な要素があって一つの横断線上に線分 AB, CD を，もう一つの横断線上に A'B', C'D' を切り取ると仮定しよう．AB が CD の一倍，二倍，三倍，…ならば，A'B' が C'D' の一倍，二倍，三倍，…であることはすでにわかっている．より一般に，単位 U=CD による AB の測度と単位 U'=C'D' による A'B' の測度とを比較しよう．

すでに言ったことから，これら二つの測定作業の第一段階において同一の過小近似値が得られる．すなわち，求める二つの測度数の整数部分は同一である．

第二段階においては，U と U' の中にそれぞれ十回含まれる単位 U_1 と U_1' を使う必要がある．ところで，もし U_1 が AB 上に十回切り取られ，その九個の分割点において与えられた要素に平行な要素を引くならば，それらは A'B' を互いに等しい，したがって U_1' に等しいところの，十個の線分に分割するであろう．かくして，平行な要素は U, U' 間と全く同じように，U_1, U_1' 間に対応を確立し，測定作業の第二段階において，同一の過小近似値が得られる．換言すれば，求める二つの測度について，小数点下第一の数字は同一である．この方法を続ければ，AB/CD=A'B'/C'D' に到達する．

この証明はおそらく望みうるもっとも自然な形を取っていると思われる．われわれは二数が等しいことを証明しなければならない．これらの二数は一桁ずつ定義された．その定義を応用してこの二数が一桁ずつ一致することを確かめ

るわけである．

　そして証明の手続きはすべての場合に同一であろう．

　中心角と対応する弧との比例が問題だとしようか？　角と弧の測定法を説明した後[1]，等しい中心角には等しい弧が対応することを証明した後，$\angle AOB/\angle COD$ と $\overset{\frown}{AB}/\overset{\frown}{CD}$ とを比較するため，われわれは $\angle COD$ を角の単位に，$\overset{\frown}{CD}$ を弧の単位にとって，$\angle AOB$ と $\overset{\frown}{AB}$ とを測定しよう．その二つの測定作業の対応する段階において得られる値は同一であろう．これから結論が得られる．

　さらにある時刻 τ_1 から τ_2 までと τ_3 から τ_4 までの二つの時間に等速運動によって到達される二つの距離 AB, CD の比較が問題だとしようか？　われわれは長さ CD を単位にとって，AB を測定する，時間 (τ_3, τ_4) を時間の単位として，時間 (τ_1, τ_2) を測定する．その測定作業のおのおのの段階において，同一の結果が得られ，これから距離が時間に比例することが従う．

22　角と弧の取扱いと数

以下において，読者は私が類比な手続きを絶えず用いるのを見るであろう．さしあたってそれらの手続きと，幾何学第二巻の教授において過去三十年間とられてきたやり方との間の，明白な対立を指摘す

---

1)　たとえ度，分，秒が関わる場合でも，十進命数法が用いられるであろう．六十分法の秒を主要単位にとれば，分と度は単位の集団にすぎない．

　角と弧に関しては，二進命数法の方がある点でより適当だろう．そのわけを説明しよう．

　測定作業は単位 U がすでに選ばれたと仮定しよう．それは補助単位 $U_1, U_2, \cdots$（ただし $U=10U_1$, $U_1=10U_2, \cdots$）の存在を要請する．それは，$U_1, U_2, \cdots$ の構成ができてはじめてようやく具体的な形をとる．私はこういう面倒を避けた．というのは「数学」の学生たちにとっては，公理をより多くもしくはより少なく認めることはさほど重要でないからである．したがってわれわれは U_i の存在を認めてさしつかえないし，またそれらの構成なしですませてもよい．なぜならそれは想像はされるが実際には行われない操作の問題だからである．

　別な諸要請がなされておったなら，タレスの定理を本文の形（平行な要素が，一つの横断線から等しい線分を切り取るならば，他の任意の横断線からも等しい線分を切り取る）で証明し，U から出発してそのことから U_1 の構成（したがって U_1 の存在）を導かねばならなかったであろう，それがやられて後はじめて長さの測定について話すことができよう．

　角（または弧）の場合には，U を知っても U_1 を構成することはできない，だが（$U=2v_1, v_1=2v_2, \cdots$）なる $v_1, v_2, \cdots$ を構成することができる．したがって一つの角を $U, v_1, v_2, \cdots$ に，二進法の記号によって，比較する操作を要約することができよう．ところで，この命数法のすべての記号に十進法の一つの記号が対応し，逆も真である．したがって U_1 は二進法での記号 0.000 1100 1100 1100 $\cdots$ によって決定されるであろう．これは U_1 の存在を証明し，かつその一つの理論的構成を与えるものである．

るのが適当であろう．というのは後者はできるだけ数の使用を避ける傾向があるからである．

　私が子供だった頃は，等しい中心角には等しい弧が対応することが証明され，それから角と弧の測定に進み，それから次のような命題の正しいことが認められた．円周角は測度としてそれの二辺が切り取る弧の測度の半分を持つ．今は定理の順序とそれの定式化は変更されている．次のような命題が確かめられる．円周角はその二辺によって切り取られる弧に対する中心角の半分に等しい．それから等しい中心角と等しい弧の間の対応に進む．次いで弧と角の測度に到達する．

　この変形の起りは，アダマール氏だったと思うが，幾何学第一巻で学ばれる長さまたは角の相等におけると同様に，第二巻で学ばれる角または弧の相等においても測度を持ち込む必要はないという意見である．これは全く正しい意見で，諸定理をその真の内容に帰着させ，厳密に欠くことのできないことだけに訴えることにより，それらを証明しようとねらうものである．測度の概念が参加することのない命題や証明の中に，それがあたかも参加するように思わせる言葉づかいの拙さを訂正することは，妥当なことだった．しかし，この順序の変更は義務づけられなかった，それで以前の順序を守ってきた教師が多かった．

　この順序変更は，「今やわれわれは円の円周角，内部の角，外部の角の大きさの評価が中心角の評価から導かれることを知ったので，これから中心角の勉強を始めよう」と書く時は，私はそれを見たことがあるのだが，明らかに不都合でさえある．この移行は，賢明なつもりであり自然らしく装ってはいるが，良識に逆うものである．子供たちは分度器の扱い方を実地に心得ている．この章で正当と認められるのは分度器の使用である．分度器が中心角の測定に，次いで他の諸角の測定に使用されうることが示される．これは前述の命題の古い形，それは拙いと私は重ねて言うが，を説明する．さらに，歴史的には古代の学者たちが，今日の生徒たちの状況に比較されるような状況にあったことは，限りなくありそうなことである．目盛りのついた円の使用は，すべての理論に先行したに違いない，そしてこの使用の正当化が，種々の角の測度の理論を生

むにいたったに相違ない．それはそうであっても，新しい順序は，もっぱら諸命題の文法的な形の変更にあり，進歩は実現されなかった；なぜなら諸証明は以前と同じままだからである．われわれの方は，弧または角どうしの，また相互間の，比較において欠くことのできない場合——それについては前に述べたので繰り返さないが——を除いて，数をその一般な意味では持ち込まないから，この進歩は決して失われないだろう．

犯された誤りは，整数で十分だったはずのところに，全く一般的に考えられた数を導入することにあった．たとえば，中心角とそれに対応する円周角との比，2に等しいところの比，を評価するために，一般な二数が用いられた．その二角を任意の同一の単位で測定した値である．一つの測定操作が二つの測定操作，誤りと言うよりむしろ不手際，単なる経済の原理の不履行，によって置きかえられただけでなく，これらの測定操作は全く異なるものである．第一のは，一段階だけしか要求せず，整数の概念だけを用いる有限な操作である．他の二つは，無限の段階を要求し，数のもっとも一般な概念を必要とする無限の操作なのである．

23 標準尺度による間接的比較 そのうえ経済の原理からすれば，比の値は直接に求めるべきで，測度の比として求めるべきでないと思われるだろう．しかし，実際的には，長さはすべてメートルで，角はすべて度で測られる，等等である．すなわち，補助単位は用いるが，不便と言えば，一つの測定の代りに二つの測定を行わねばならぬことのように思われる．

時としてこれは，長さや角の直接の比較を妨げる実験的困難あるいは不可能のゆえであるが，もう一つ別の理由もあるのである．

幾何学の問題では，たとえば，二つの長さを，しかもその二つだけを，比較しなければならない．これに反し，実用において，百個の長さがあって，これを一度に二個ずつあらゆる可能な仕方で比較しなければならぬと期待されるときは，事情は全く異なる．そのときは新しい長さをそれぞれ測定することは，経済の原理にかなった，実際的な好処置である．個々の長さの単独測定は，そ

れができる限り正確になされるとき，その長さと他のすべての長さとの比を最もよく与える．かくして，実用的には，比較が，決して，あるいはほとんど決して，直接になされないで，一つの標準尺度との比較を通じてなされるという事実が説明される．

　幾何学においても同じことである．そこでは，正確さは限りないものでなければならないが，長さ L が測定されたと仮定することは，前に述べたように，それを長さのいたるところ稠密な一つの集合 $\{l\}$ と比較して，測定によりすべての比 L/l が，したがって L と他のすべての長さとの比が，決定されることを仮定することである．またすべての比較は一つの標準尺度を媒介にしてなされる；たとえば，すでに見たように，対象のすべての集団を一つのモデル集団，協定的な語の集団にすぎないから，見たところ集団の中で最も興味の少ないもの，と比較する；距離はメートル，デシメートル等々と無限に分割された一つの尺度と比較するのである．

　この手続きには今後絶えず出会うだろうから，この点については，これ以上詳しくは述べないことにしよう．

III　面　積

　前と同じように，私は一つの説明法から始めよう．少しの誤解もないようにはっきりさせておきたいのは，私の意見では，この説明法が「数学」学級の平均的な学生の理解の範囲内にあるためには，たとえば，あるいくつかの点の証明は省略して，短くすべきだということである．私は決してそれをこの学級で与えるべき説明法として提出するのではない．それがどの程度まで適用できるかは，経験によってのみ判断できることであろう．私はただ，われわれの議論の出発点としてそれを与える．

24　面分の面積の概念．第一の説明法：正方形網目　　多数のみんな同じ大きさの正方形タイルがあり，それをいくつかの部屋の床に張りたいと思ったとしよう．この部屋には，適当に並べたとき，必要ならば何枚かは割ったとして，全部で百枚のタイルが必要であり，あの部屋には，百五十枚が必要だとしよう．このとき，われわれは第一の部屋は第二の部屋より面積が小さいと言う．そしてこのことは，第一の部屋はタイル百枚に等しい面積をもち，第二の部屋はタイル百五十枚に等しい面積をもつ，と言うことでいっそう明確にされる．

　一つの線分と単位線分との比較が長さと数の概念を生んだのと同様に，この実用的問題およびその他の類比な諸問題が，いろいろな数学的概念を生むにいたったと思われる．

　一直線上にのっている種々の線分 AB の長さを求めるために，われわれはその直線上に（§8），一点 ω を始点として両方の向きに，単位 U での目盛り，単位 U_1 での目盛り等々を作った．そして AB の長さを定義し，かつ評価することを許したのは，この無限に小さな区間を備えた完全な目盛り T との AB の比較である．これからも全く同じやり方で進もう．

考える平面上のある位置に，正方形 C があり，$\omega x, \omega y$ はそれの二辺を支える直線としよう．ωx に平行に，ωx からの距離が正方形 C の辺の整数倍であるすべての直線を引き，同じやり方で ωy に平行な直線を引こう．こうして平面を C に等しい正方形の網目 R で覆い，それらを U-正方形と呼ぼう．これらの正方形の辺を十等分し，その分点において，ωx および ωy に平行な直線を引こう．こうして正方形の網目 R_1 が得られるが，それらを U_1-正方形と呼ぼう．同様に，U_2-正方形の網目 R_2，等々へ進む．これらすべての網目の合併は，C から導かれた**完全な網目** T と呼ぶものを与える．われわれが面積を定義し，かつ評価するのは，T との比較によるのである．

一つの面分 D を考える[1]*．完全に D の点ばかりから成る U_i-正方形の数を数えよう．それが n_i 個あるとする．一つの U_i-正方形は百個の U_{i+1}-正方形を含むから

$$n \leq \frac{n_1}{100} \leq \frac{n_2}{100^2} \leq \frac{n_3}{100^3} \leq \cdots$$

が得られる．これらすべての数は，たかだか D の面積に等しいと言われる．次に D の点を少なくともいくつか含む U_i-正方形が何個あるかを調べよう．そのような正方形が N_i 個あるとする．明らかに $N_i \geq n_i$ で，上と同じ理由で

$$N \geq \frac{N_1}{100} \geq \frac{N_2}{100^2} \geq \frac{N_3}{100^3} \geq \cdots$$

が成り立つ．それぞれ後続する数に少なくとも等しいこれらすべての数は，少なくとも D の面積に等しいと言われる．

これら二つの数列が限りなく近づくとき，すなわち，i が限りなく増大する

---

[1] 初等幾何学では，面分という語は明確な意味を持たない．もし考察を，多角形の面分の族あるいは，おのおのが有限個の線分と円弧とによって境せられた面分の族，等々だけに限定するならば，それは完全に明確になるだろう．しかし，その定義が面分のこれらのすべての族に対して同一であることを示すため，わざと，面分という語に不正確な一般性を許している．

厳密に論理的な観点からすれば，この語の使用には，ここで用いるこれらの面分の性質，たとえば境界に関する性質を証明することが必要であろう．しかし，この場合もまた，それは，面分のある種の簡単な族に対しては完全に明白で，初級コースでは通常つねに証明なしで承認している性質の問題である．

＊（訳注）この章では原著の domaine を直観的な面分と訳し，後に三次元以上の空間で用いられる domaine は領域とした．原著では面分を平面領域と呼んでいる個所もある．

につれて $(N_i-n_i)/100^i$ がゼロに収束するとき，これら二つの数列によって定義される数は単位 U による D の面積であると言う．

　長さの場合のように，この定義は，定義された数を決定するための実験的手続きを与える．どちらの場合にも，完全な目盛り T を実現することは不可能であるが，少なくともたとえば，単位 U, U_1, U_2 での，初めの目盛り R, R_1, R_2 を印すことはできる．長さの問題のときは，これらの目盛りは測定さるべき線分の上に置かれた定規に沿って印され，われわれは逐次に数列 n, n_1, n_2; N, N_1, N_2 を読む．面積の問題ならば，調べている領域の上に置かれた透明な紙の上にこれらの網目を印し，同様に n, n_1, n_2; N, N_1, N_2 を読む．

25 長方形の面積　この定義を，二辺 OA と OB が，それぞれ，ωx と ωy に平行な長方形 OACB に適用することにより，はっきりさせよう．普通のやり方に従い，U の辺 v を長さの単位にとって，OA, OB の長さを a, b で表わそう．

　U_i の ωy に平行な辺は，OA の上に線分 $v/10^i$ での目盛りを印す．これらの線分の a_i 個は OA に属する点ばかりからなる．これらの線分の A_i 個はそのいくつかの点が OA に属する．$a_i/10^i$ と $A_i/10^i$ は，それぞれ，a の過小および過大な近似値である (§8)．そのうえ $A_i \leqq a_i+2$ である．

　OA と OB, ωx と ωy の役割を逆にすれば，同様にして $b_i/10^i \leqq b \leqq B_i/10^i$ が得られる．

　さて，U_i-正方形でそのすべての点が OACB に属する n_i 個のものは，それらの OA および OB 上への正射影が，それぞれ，OA に含まれる a_i 個の線分および OB に含まれる b_i 個の線分と一致するものである．したがって，$n_i = a_i \times b_i$ が成り立つ．

　U_i-正方形で OACB に属する点をいくつか持つ N_i 個のものは，それらの OA および OB 上への正射影が，それぞれ，上述の A_i 個および B_i 個の線分と一致するものである．したがって，$N_i = A_i \times B_i$ が成り立つ．

　U_i-正方形によって供給される二数

$$\frac{n_i}{100^i} = \frac{a_i}{10^i} \times \frac{b_i}{10^i}$$

と

$$\frac{N_i}{100^i} = \frac{A_i}{10^i} \times \frac{B_i}{10^i}$$

の間に積 ab は含まれ，かつ

$$\frac{N_i - n_i}{100^i} = \frac{A_i B_i - a_i b_i}{100^i} \leq \frac{(a_i+2)(b_i+2) - a_i b_i}{100^i}$$

$$= \frac{2}{10^i}\left[\frac{a_i}{10^i} + \frac{b_i}{10^i} + \frac{2}{10^i}\right] < \frac{2}{10^i}(a+b+1)$$

が成り立つ．よって，二つの系列 $N_i/100^i$ と $n_i/100^i$ は限りなく近づく．それらが定める数は ab である．単位 U に関して，長方形 OACB の面積は ab に等しい．

かくて ωx と ωy に平行な辺を持つすべての長方形は面積を持つことが証明され，この面積が評価された．そして得られた式からわかるように，平行移動によって互いに得られる二つの長方形では，面積は同一であり，二つの長方形を結合することによって作られる辺が ωx と ωy に平行な長方形の面積は，はじめの二つの長方形の面積の和に等しい．

面積の数学的概念が経験的概念と一致し，それがどんな多角形に対しても実用的に使えるためには，明らかに，すべての多角形が面積を持つこと，その面積を評価すること，任意の運動によって互いに得られる二つの多角形が同一の面積を持つこと，また二つの多角形の結合によって作られる多角形が，初めの二つの多角形の面積の和に等しい面積を持つこと，が証明されねばならない．

26 多角形の面積（第一の説明法による） すべての多角形は面積を持つ．P を一つの多角形とし，N_i と n_i はこの多角形に関する数で U_i-正方形によって供給されるものとしよう．$N_i - n_i$ を評価せねばならない．ところでこの数は，U_i-正方形で N_i 個の中に入っているが n_i 個のものでないものの数で，すなわち，P に属する点も P に属しない点も含んでいる U_i-正方形の数である．そのような正方形は P の境界の点を含む．この境界は有限個の線分で

できている．したがって，i が限りなく増大するにつれて $(N_i-n_i)/100^i$ がゼロに収束することをいうには，μ_i を任意の辺 AB の諸点を含む U_i-正方形の数とするとき，$\mu_i/100^i$ がゼロに収束することを示せばよい．ところで，このことは容易に示される．

まず AB は ωx にも ωy にも平行でないとしよう．λ は ωx および ωy に平行な辺をもつ長方形で，ωy に平行な λ の二辺は，直線 AB 上に，線分 AB を含む線分 $\alpha\beta$ を切り取るとしよう．AB の諸点を含む U_i-正方形は，λ の諸点を含む正方形の中にある．後のタイプの正方形が N_i 個あるならば，数 $\mu_i/100^i$ はたかだか $N_i/100^i$ に等しい，すなわち，λ の面積を上から近似する値にたかだか等しい．そして十分大きな i に対しては，この近似値はこの面積を任意小量だけ超える．よって a と b が λ の辺ならば，十分大きな i に対しては，$\mu_i/100^i$ は ab を任意小量だけ超える値にたかだか等しい．

γ を $\alpha\beta$ の中点とし，一方では $\alpha\gamma$ に対し他方では $\gamma\beta$ に対しもう一度上にやった推論を行なおう．図形 $\lambda, \alpha\beta$ を同様な図形 $\lambda_1, \alpha\gamma$; $\lambda_2, \gamma\beta$ で置きかえる．λ_1, λ_2 はそれぞれ底が $a/2$，高さが $b/2$ の長方形である．そして U_i-正方形が $\alpha\beta$ の点を含むには，$\alpha\gamma$ の点または $\gamma\beta$ の点を含まなければならないから，十分大きな i に対して，$\mu_i/100^i$ は

$$\frac{a}{2}\cdot\frac{b}{2}+\frac{a}{2}\cdot\frac{b}{2}=\frac{ab}{2}$$

を任意小量だけ超える値にたかだか等しい．

同様に，次の細分は $ab/2^2$ を，それから $ab/2^3$ を，等々与えるであろう．したがって，十分大きな i に対して $\mu_i/100^i$ はいくらでも小さくなる．

AB が ωx または ωy に平行ならば，λ を，底が AB で高さが任意に小さい長方形で置きかえるとよい．

27 続き 一つの多角形 P を多角形 $P_1, P_2, \cdots, P_m$ に分割すれば，
$$P \text{ の面積}=P_1 \text{ の面積}+P_2 \text{ の面積}+\cdots+P_m \text{ の面積}$$
が成り立つ．

実際，P に含まれる n_i 個の U_i-正方形は，多角形 P_k の一つに完全に含まれるか，たとえば P_k に $n_k{}^i$ 個あるとしよう，さもなければ P_k の境界上の点を含むか，いずれかである．μ_i を後の方の正方形の数としよう．したがって

$$n_i = n_1{}^i + n_2{}^i + \cdots + n_m{}^i + \mu_i$$

が書かれる．

ところで，i が限りなく増大すれば，$\mu_i/100^i$ はゼロに収束する一方，$n_i/100^i$ と $n_k{}^i/100^i$ は，それぞれ，P の面積と P_k の面積に限りなく近づく．このことから，上述の等式が得られる．

したがって，お互いに外部にあってそれらだけでは P 全体を構成しないような多角形 $P_1, P_2, \cdots, P_m$ を含む多角形 P の場合には

$$P \text{ の面積} > P_1 \text{ の面積} + \cdots + P_m \text{ の面積}$$

であり，二つずつが互いに全く外部にあるということのない多角形 $P_1, P_2, \cdots, P_m$ の合併によって作られる多角形 P の場合には

$$P \text{ の面積} < P_1 \text{ の面積} + \cdots + P_m \text{ の面積}$$

である．

28 面分が面積を持つための条件

教室では，多角形の場合の取扱いを，別な面分と取組む前に，仕上げてしまうのが得策であろう．ここでは教師に向かって話すのだから，面分 D が面積を持つための必要十分条件を話すことにより，そうしなかったら不可避であるところの，無用な繰り返しを避けることにしよう．

すでに見たとおり，i が限りなく増大するにつれて数 $(N_i - n_i)/100^i$ がゼロに収束することが必要である．$N_i/100^i$ は，使用された N_i 個の U_i-正方形によって作られる一つの多角形 E の面積であり，多角形 E は D を覆う．$n_i/100^i$ は，使用された n_i 個の U_i-正方形によって作られる諸多角形 I の面積の和である．I は D によって覆われる．

したがって，面分 D が面積を持つためには，D が，一方においてある一つ

の多角形 E によって覆われ,他方において互いに外部にあるところのある諸多角形 I を覆うて,E の面積が I の面積を任意小量だけ超えるようにできることが必要である.この逆も真である;なぜならそのときは,十分大きな i に対し多角形 E の点を含む N_i' 個の U_i-正方形の面積は E の面積を任意小量だけ超え,また I の総面積は I の点のみから成る n_i' 個の U_i-正方形の面積を任意小量だけ超える.そして D に関する例の数 N_i と n_i とについて

$$N_i' \geqq N_i \geqq n_i \geqq n_i'$$

が成り立つから,$(N_i'-n_i')/100^i$ より小さい $(N_i-n_i)/100^i$ は,前者が(E の面積)$-$(I の面積)を,任意小量だけ超えるため,また任意に小さくなるからである.さらに,D の面積は E の面積と I の面積の間に含まれる.

この陳述は,前節の諸陳述の拡張に,そしてまた,数個の面分の合併として得られる面分がもとの諸面分が面積を持つなら面積を持つ,ということの証明に,ただちに適用される.それはまた次節においてより一般的な意味が与えられるだろう.

29 合同な面分の面積 二つの合同な多角形は同じ面積を持つ.もっと一般的に,D が面積をもつ面分で,$\varDelta$ が D に合同ならば,$\varDelta$ は面積を持つ;その面積は D の面積に等しい.証明を数段に分ける.まず D を多角形とし,D を $\varDelta$ に移す運動の性質に関していくつかの仮定をしよう.

a) 多角形 $\varDelta$ は D から平行移動によって得られる.D は U_i-正方形の N_i 個によって覆われ,その n_i 個を含む.平行移動は,U_i-正方形を同一面積の V_i-正方形に移す,§25.よって,$\varDelta$ は V_i-正方形の N_i 個によって覆われ,その n_i 個を含む,したがって

$$\frac{n_i}{100^i} \leqq \varDelta \text{ の面積} \leqq \frac{N_i}{100^i}$$

が成り立つ.これは $\varDelta$ と D とが同一の面積を持つことを示す.

b) 多角形 $\varDelta$ は D から軸 ZZ' のまわりの折り返しによって得られる.C'

は一辺が ZZ' 上にある一つの正方形とし，§24 で C から出発して網目 T を構成したのと同様に，C' から出発して網目 T' を構成しよう．T' の逐次の正方形を U', U_1', U_2', $\cdots$ で示す．N_i' は D の点を含む U_i'-正方形の数，n_i' は D の点のみを含む U_i'-正方形の数としよう．a) により U_i'-正方形はすべて同一の面積を持つ．C' にはそれが 100^i 個ある．§27 によりそれらの面積は，S を C' の面積とすると，$S/100^i$ に等しい．したがって，

$$\frac{n_i'}{100^i}S \leqq D \text{ の面積} \leqq \frac{N_i'}{100^i}S$$

が成り立つ．そしてこれにおいて i が限りなく増大するにつれて，$(N_i'-n_i')/100^i$ はゼロに収束するから (§26)，外側の二数の差はゼロに収束する．

ZZ' に関する T', D, $\varDelta$ の対称性のゆえに，数 N_i', n_i' は $\varDelta$ に対しても有効である．それで $\varDelta$ の面積も上の不等式を満足する．したがって，$\varDelta$ と D とは同一の面積を持つ．

c) **多角形 $\varDelta$ は多角形 D に合同である．**(A, α), (B, β) を，それぞれ，D と $\varDelta$ の対応点の二対としよう．平行移動 $A\alpha$ は B を β' に変換する．$\beta\beta'$ の垂直二等分線のまわりに折り返すと，A が α に B が β にという具合に，D は D' に変換される．すると D' は $\varDelta$ と一致するか，または $\varDelta$ の $\alpha\beta$ のまわりの折り返しである．どちらの場合にも，面積を不変にする一連の変換によって D は $\varDelta$ に移る．よって，D と $\varDelta$ は同じ面積を持つ．

d) **D が面積を持つ面分のとき．**E と I は二つの多角形で，前者は D を覆い後者は D によって覆われ，それらの面積の差異は ε より小であるとしよう．D を $\varDelta$ に変換する変位は E と I を，それぞれ，同一面積の多角形に変換し，これらの多角形の一方は $\varDelta$ を覆い他方は $\varDelta$ によって覆われる．そして，これらの面積の間の差 ε は任意に小であるから，$\varDelta$ は面積を持つ．この面積と E の面積との差異は ε よりも小である．よって，D と $\varDelta$ とは同じ面積を持つ．

今しがた得た結果は次のように定式化することもできる．面分の面積は与えられた単位正方形の位置にはよらず，その大きさだけによる．いいかえると，C の辺を長さの単位にとることにすれば，面積は長さの単位だけによる．

実際, C と C' を二つの合同な正方形, T と T' をそれらから, それぞれ, 得られる二つの網目としよう. C' から出発して面分 D の面積を求めるには, たとえば, D と T' に関する数 N_i, n_i を数えることが必要である. C' を C に変換する変位で D が $\varDelta$ になるとすれば, これらの数はまた $\varDelta$ と T に関する数でもある. よって, もし D が C' に関して面積を持つならば, $\varDelta$ は C に関して面積を持ち, この二つの面積は等しい. ところで, $\varDelta$ と D は合同であるから, D も C に関して面積を持ち, それは C に関する $\varDelta$ の面積に等しい. よって, D は C に関してもまた C' に関しても面積を持ち, これら二つの面積は等しい.

以上の二つの陳述はただ一つの陳述に要約できる. 面分と網目との相対的変位は, その面分の面積の存在にも, またこの面積の値にも全く影響しない.

30 長さの単位の変更 ここで, 長さの単位の変更, すなわち, 正方形 C を異なった大きさの正方形 C' で取り替えることが, 面分 D の面積の存在とそれの値にどんな影響を与えるかを調べよう. 換言すれば, §10で乗法に導かれた問題と類比な問題を考察しよう.

C の場合に正方形 U_i に関する数を N_i, n_i とすれば, D の境界はしたがって (正方形 U_i の) 何個かの多角形で覆われ, それらの新しい長さの単位による総面積は, C の新しい面積を S とすれば, $(N_i-n_i)S/100^i$ である. ところで, D は C に関して面積を持つと仮定したから, i が限りなく増大するにつれて $(N_i-n_i)/100^i$ はゼロに収束する. よって, D は C' に関しても面積を持つ. そしてこの面積 A' は, i が何であっても $N_i(S/100^i)$ と $n_i(S/100^i)$ との間にあるから, C に関する D の面積 A の S 倍に等しい. $A'=AS$. もし c が C の辺の新しい長さであれば,

$$A'=A \cdot c^2$$

が書かれる.

長さの単位の変更は, すべての面積に, 新しい単位線分に関する初めの単位長さの長さの平方をかけるという影響を持つ.

この命題は，二つの面分 D, C の一方の上の相似変換が D と C との比較に及ぼす影響を言い表わすものであるから，前の陳述のように，逆の形に述べることもできる．

実際 C を固定し，D を相似な面分 D' で取り替えよう．ただしその相似比を k とする．C' が相似比 k の相似変換による C の変換であるならば，C と D とに関する数 N_i, n_i は，C' と D' とに関する数と同一である．よって，D' は C' に関して面積を持ち，この面積は C に関する D の面積（A としよう）に等しい．よって，C に関する D' の面積は存在して Ak^2 である．なぜなら C' の辺の長さは k で，したがって k^2 が C' の面積だからである．

よって，相似比が k なる相似変換は，面積が A なる面分 D を面積が Ak^2 なる面分 D' に変換する．

31 面積の公理的定義

今しがた証明した面積の諸性質は，実用における面積のいろいろな利用の仕方とよく一致している．そして，面積の常識的な考えを数学へ適切に翻訳したものと期待できるのは，まさにこの一致のゆえである．しかしながら，もしも，われわれが面分の面積と呼んできた数に対し，以上の諸節で導いた諸性質をそれ自身やはり持つような数を面分に付与する別な仕方があるならば，面積の概念のいろいろな数学的翻訳が可能ということになり，最良のものが選ばれなかったのではないかという不安が伴うであろう．したがって，数学を実験科学と考える立場でも，**これまでに考えられた諸面積が次の諸条件によって完全に決定される**ことを証明することは重要である．

α——多角形がすべて入っている一つの面分族の各面分に，それの面積と呼ぶ一つの正の数が付与される．

β——面分族の二つの面分の合併はまたその面分族に属する面分で，互いに素な二つの面分の合併である面分に付与される面積は，二つの面積の和である．

γ——合同な二つの面分には等しい面積が付与される．

さらに，次のことが言えよう．

δ ―― この面積の数は，それらの面分の一つに付与される値が知られれば，完全に確定する．

実際，任意の一つの正方形 C を取り，k^2 を C に付与される数としよう．すると，もし D がその族の任意の面分で，N_i, n_i が D と，C から構成される網目 T とに関する諸数ならば，D の面積は，$N_i(k^2/100^i)$ と $n_i(k^2/100^i)$ との間の値で，比 $1/k$ の変換での C の像を面積 1 の正方形に用いたとき例の手続きによって D に付与されるものである．なおこの数 k は知られる．実際，σ_0 を一つの面分 D_0 の既知の面積とし，σ を網目 T の助けによって前の手続きで D_0 に付与される面積とすれば（すなわち，σ を数 $N_i/100^i$ と $n_i/100^i$ との極限とすれば），$k^2 = \sigma_0/\sigma$ である．[1]

性質 α, β, γ は面積の公理的定義を構成するものであり，面積を定義するのに網目 T を使うことが持つかもしれないあまりに特殊な色合は取り除かれている．網目 T は，数の一般概念の構成における十進法の役に類比な役割を，面積の概念構成において果しているのである．

32 多角形の面積の古典的評価式 まず α, β, γ からただちに従う次の性質を用いる：**合同な諸多角形に分解できる二つの多角形，すなわち，同じ部分多角形の二通りの異なった配列から生ずる二つの多角形は，同じ面積を持つ．**

この性質は，任意な形をした部分の二通りの異なった配列から生ずる二つの面分の場合に対してさえ，これらの部分のおのおのが面積を持つ限り，証明されるのである．したがって今や古典的説明法に立戻ることができる．かくして，普通の仕方で平行四辺形の面積を，それから三角形の面積を，そしてそれらによって任意の多角形の面積を，正しく求めることができる．どの多角形も

---

[1] 実は，この証明は，D が，前の諸節で述べた手続きが適用できるような面分の族と，本節の公理で考えたところの条件 α, β, γ を満たす数が付与されるような面分の族とに，同時に属することを仮定している．だが，条件 α, β, γ が，前に考察したところの諸面分 D の面積を定義するのに十分であることを証明することは問題である．よって，われわれは話をこれらの面分の族，あるいはもっと狭い族の範囲に留めるべきだろう．

もし，反対に，もっと大きな族を取ったとしても，条件 α, β, γ はなお満足されうるだろう．しかし，私が他の場所で証明したように，命題 δ は，もはや得られないであろう．換言すれば，性質 α, β, γ は，面積の単位の変更の点にまで面積を特色づけるには十分でないだろう．

三角形に分解可能だからである．それらの結果は，次の古典的命題に要約することができる：ABCD…は一つの平面多角形 π，O はその平面内の一点とする．すると多角形の面積は

$$\frac{1}{2}[\pm AB \times \text{dist}(O, AB) \pm BC \times \text{dist}(O, BC) \pm \cdots]$$

に等しい；ここに項 PQ の前の符号は，O と，線分 PQ に接合する多角形 π の部分とが，PQ の同じ側にあるか，または反対側にあるかによって，+ または − とする．

この命題を確かめるのに，三角形の面積は得られたものと仮定して，三角形 OAB, OBC, … を考える，これらを三角形 T_i と呼ぶが，それらの辺が平面を部分多角形——それらをその面積とともに $P_1, P_2, \cdots$ によって示す——に分割すること，また，各三角形 T_i が P_i のいくつかによって作られることを注意しよう．したがって，符号 +，− を持つこれらの三角形の面積の和である上の式は，

$$\pm(P_a + P_b + \cdots) \pm (P_a' + P_b' + \cdots) \pm \cdots$$

なる形に書かれる．今や，同じ項の相殺の後に，多角形 π の内部の P だけがおのおの +1 なる係数をもって残ることを証明すれば十分である．O から，頂点 A, B, C, … のどれにも触れない任意の半直線を引く．$Z_1, Z_2, \cdots$ はその半直線をOに向って進むときの π の境界との逐次の交点としよう．次の表記法を決めよう．Z_1 において多角形 π に入るとき T_1 の中へかつ P_1 の中へ入る；Z_2 において π を去るとき P_1 から P_2 へ移り，T_1 を去ることなく T_2 の中へ入る；Z_3 において π に入るとき P_2 から P_3 へ移り，T_1, T_2 のどちらも去ることなく，T_3 の中へ入る，等々．ここに述べた半直線の点を含む P_i は和において

$$+(P_1 + P_2 + P_3 + \cdots) - (P_2 + P_3 + \cdots)$$
$$+(P_3 + \cdots) - \cdots = P_1 + P_3 + \cdots$$

なる形でのみ現われ，これは定理を証明する．

33　多角形の面積の第二の説明法　この説明ができたことで，それはもっ

と後に多角形でない諸面分に対して完全にされるだろうが，古典的推論の正確な射程がいっそうよく理解されるであろう．通常は，面積の数学的概念はそれの実際的使用によって明白になされるものだとされ，非常にしばしば暗黙のうちに，公理 α, β, γ が使用される．われわれがここに提出したただ一つの重要な変更は，α, β, γ の証明である．よって付随的な点を別にすれば，古典的説明法とただ論理的により完全であるところのここでの説明法との間には，対立は全くないのである．

古典的説明法は正確には何を供給するか？ $\alpha, \beta, \gamma, \delta$ によって定義される面積の評価である．そればかりか δ の使用は見かけだけのことで，重要でない言葉のうえの（ときおりその面積 (l'aire) と言う代りにある面積 (une aire) と言うことにあるに過ぎない）用心をすれば，δ なしですませることができる．古典的説明法は，面積の単位を変えない限り諸面積の評価を供給するということで，命題 δ を証明するからである．

そういうわけだから古典的説明法は，面積の存在を仮定するとき面積の計算を許すもので，別な諸公理に訴えることなしに面積の理論を扱うためには，得られた数が性質 α, β, γ を満足することを，あとで確かめれば十分であるということもできよう．これは何人かの数学者（シューア，ジェラード，等[1]）がやったことで，こうやって古典的説明法に，ここでの説明の論理的価値と同等な論理的価値が与えられるのである．

上に引合いに出した著者たちの方法は，形式は少し変更されているが，こうである．[2]

各多角形 ABC… に，数

$$\frac{1}{2}(\pm AB \times \text{dist}(O, AB) \pm BC \times \text{dist}(O, BC) \pm \cdots)$$

---

[1] 参考文献として，ヒルベルトの *Grundlagen der Geometrie*『幾何学の基礎』およびアンリーク (Enrique) の *Questioni riguardanti la Geometria elementari*『初等幾何学に関する諸問題』を見よ．

[2] 私はただちに次のことを注意する：命題 α，それは前に何度かその時はただ名前の定義でしかなかったが，命題あるいは公理と呼ばれたもの，それがこんどは命題しかも主要な命題になることである：**多角形 P がどういうふうに部分三角形 Ti に分割されても，これらの三角形の面積 Ti の和は常に同一である．**

を付与しよう，ただし O はその平面内にとられた一点，複号は前述のとおりである．まず，この数が実は O に無関係であることを証明する．

ω_1 は AB 上の A, B 間の一点として，直角 $x_1\omega_1 y_1$ を考える．ただしその一辺 $\omega_1 x_1$ は ω_1B であり，他の一辺は AB に隣接する多角形の内部に向いているとする．この角を，ω_1 が BC 上の一点 ω_2 にいき，かつ $\omega_1 x_1$ が ω_2C 方向に横たわるように，移動によって $x_2\omega_2 y_2$ に移すならば，$\omega_2 y_2$ はまた BC に隣接する多角形の内部に向くことがわかる；等々．かくしてベクトル AB, BC を ωx の逐次の方向に沿って測り，ベクトル HO, KO, すなわち各辺から O までの距離を ωy の逐次の位置に沿って測れば，結局前の式は

$$\frac{1}{2}(\mathrm{AB}\cdot\mathrm{HO}+\mathrm{BC}\cdot\mathrm{KO}+\cdots)$$

となる．

O を O′ で取り替えるならば，この数は

$$\frac{1}{2}\{\mathrm{AB}[\mathrm{HO}+\cos(\mathrm{OO}',\omega_1 y_1)\cdot\mathrm{OO}']$$
$$+\mathrm{BC}[\mathrm{KO}+\cos(\mathrm{OO}',\omega_2 y_2)\cdot\mathrm{OO}']+\cdots\}$$

によって置き替えられる．よって，その変化量は

$$\frac{1}{2}\mathrm{OO}'[\mathrm{AB}\cos(\mathrm{O}\Omega,\omega_1 x_1)+\mathrm{BC}\cos(\mathrm{O}\Omega,\omega_2 x_2)+\cdots]$$

である．ただし OΩ は，$\omega_1 y_1$ を $\omega_1 x_1$ に，$\omega_2 y_2$ を $\omega_2 x_2$ に等々，移す回転を行うとき，OO′ がとる方向である．ところで，この括弧内の値は，多角形 ABC… の輪路の軸 OΩ 上への射影の測度だから，ゼロである；多角形に付与されたあの数は，実際 O の選択に無関係である．それが正であることは，間もなくわかるであろう．

まず，この数が性質 β を満足することを示すことだが，そのため二つの互いに素な，そしてそれらの合併が一つの多角形 P を作るところの，多角形 P_1, P_2 に付与される数の和を考える．ただしこれらの二数は同じ点 O の助けによって評価するものとする．多角形 ABC… に付与される数は，線分 AB 上 A と B の間に一つの頂点 Z を挿入することによって，すなわち AB×dist

(O, AB) を AZ×dist(O, AZ)+ZB×dist(O, ZB) と取り替えても変わらないから，P_1 と P_2 はあるいくつかの辺に沿って隣接していると仮定してさしつかえない．そのとき，もし AB がこれらの辺の一つならば，AB×dist(O, AB) は P_1 と P_2 に付与される数の中に現われるが，P_1 と P_2 は AB の反対側にあるので，異符号を持つ．

　他方において，もし KL が，たとえば，P_2 に属しない P_1 の一辺であるならば，積 KL×dist(O, KL) は P と P_1 に付与される数の中に現われるが，このときは P と P_1 は KL の同じ側にあるので，同符号を持つ．

　したがって，O の助けにより，P_1 と P_2 とに付与される数を表わす式の和において，同じ項が相殺された後に，O の助けにより，P に付与される数の式が得られる．

　このように性質 β が証明されたので，多角形に付与されたあの数は P の任意の三角形分割の諸三角形に付与される諸数の和であろう．したがって，この数は，もし三角形に付与される数が正で平面における三角形の位置に無関係ならば，正でかつ条件 γ を満たすであろう．

　さて，一つの三角形 ABC に関する数を，A のところに O を取って計算すると，それは (1/2)BC×(A の高さ) に等しい．

　上のことの証明は仕上げられる．それは一般に次の形に与えられる：O を固定する；β を証明する，それから，このように P に付与される数の計算が，上と全く同じように，三角形に付与される数の加法に帰着されたので，一つの三角形において，その辺と対応する高さとの三つの積が等しいこと，かつ点 O の位置が三角形に対してどうあろうとも，その三角形に付与される数がその積の半分に等しいことを直接に確かめる．これらは，われわれがすでに O から O′ への移行に関する，より簡潔だが，しかしより初等的でない推論によって置き替えたところの確証である．よって証明は次のことに帰着する：仮説 α, β, γ から面積の計算の仕方が無数に生ずる；その中から一つの良い決定法を選ぶ；こんなふうにして，条件 α の主要部分が満足させられる；各領域に一つの確定した数が付与されるのである：それから，この数が条件 β および

γ を満足させ，そのうえ正であることが確かめられる．

34 二つの説明法の比較　これはつまりまさにわれわれが第一の説明法でやったことである；ただ具体的面積のすべての性質の中で，その数学的構成に使用したのはどれであるかを明記しなかっただけである；したがって α, β, γ を主張はしなかった．実際，われわれが取った順序はまさしく，具体的概念を数学に移す時につねに取られる順序である：まず，その概念について経験が教えてくれる**あらゆるもの**を利用することから始める；それから，首尾よく最初の数学的定義を作り上げることができたなら，合理的に利用されたものを正確に固めることによって，それを純化することをもくろむことができる．公理化は主要な諸点が十分論じられた時に，最後になされる；しかしそのときは，それは得られた結果の価値を正しく固定し，それの一般化を準備することになる，等々．

よって，説明法の細部を別とすれば，われわれの二つの方法は同じ道をたどっている，だから，第二の方法を確証的だと責めるならば，第一の方法も同じだと責めないわけにいかない[1]．また第一の方法を網目 T の使用が技巧的だと責めるならば，第二の方法も点 O の使用のゆえに責めないわけにいかない．ただ一つの深い相異は，第一の方法は，面積の一般的定義を用いているので，より広範な場合に適用されるが，それに対して第二の方法は，多角形の面積の特別な評価法を用いているので，適用がより限定されることである；その反面，それは有限な手続きという優美な利点を持ち，前章で述べたことだが，普通，有理数を他の数から区別するのと同様に，多角形領域を他のものとは別扱いにする．

35 多角形の面積の第三の説明法（測量師の方法）　これらの諸注意を用いて，われわれは今や，面積の理論の新しい説明法をいろいろ作れるであろう；

[1) 一つのもの E の存在のあらゆる証明に共通な特徴で，仮りに E の存在を仮定して，E の一つの構成法を導き，この構成が要求されたすべての条件を満たす結果を与えることを確かめるのである．

ここに注目に値するものを一つだけ示そう．第二の手続きでは，要するに極座標についての積分公式を，第一の手続きでは直角座標についての積分公式を適用したのである；明らかに，われわれは特殊化することができ，測量師の手続きによって，多角形に対してだけ適用しうる一つの有限な方法を得ることができる．それは次のようにやることだろう．

α ―― 一つの方向 ωy を選んで，すべての多角形 P に数

$$\frac{1}{2}(B_1+b_1)h_1+\frac{1}{2}(B_2+b_2)h_2+\cdots$$

を付与する，ここに $B_1, b_1; B_2, b_2; \cdots$ は P の各頂点を通って ωy に平行に引かれた直線により P が分割されて得られる台形の両底の長さ，$h_1, h_2, \cdots$ はこれらの台形のそれぞれの高さである．

この陳述において ωy に平行な一辺を持つ三角形は台形として扱う；そういう台形は，二つの底の一方が長さがゼロなわけである．

β ―― ωy に平行な底をもつ台形（または三角形）T を考えよう；それを（延長でない）両底と交わる一つの割線によって T_1 と T_2 とに分割しよう，その表式自身から，T に付与される数(T) は T_1 および T_2 に付与される数(T_1), (T_2) の和である；これは命題 β の一つの特別な場合である．

今一つの特別な場合は，T が両底に平行な一直線によって T_1 と T_2 とに分けられる場合である；前の場合のおかげで，T は ωy に平行な底 BC をもつ三角形 ABC であると仮定できる，DE をその割線としよう．数(T) は $(1/2)$BC·dist(A, BC)，あるいはただちに立証されるように，$(1/2)$AB·dist(C, AB) である；さて，

$$\begin{aligned}\frac{1}{2}\text{AB}\cdot\text{dist}(C, AB) &= \frac{1}{2}\text{AD}\cdot\text{dist}(C, AD)+\frac{1}{2}\text{DB}\cdot\text{dist}(C, DB)\\ &= \frac{1}{2}\text{AC}\cdot\text{dist}(D, AC)+\frac{1}{2}\text{BC}\cdot\text{dist}(D, BC)\\ &= \left[\frac{1}{2}\text{AE}\cdot\text{dist}(D, AE)+\frac{1}{2}\text{EC}\cdot\text{dist}(D, EC)\right]+\frac{1}{2}\text{BC}\cdot\text{dist}(D, BC)\\ &= \frac{1}{2}\text{AE}\cdot\text{dist}(D, AE)+\left[\frac{1}{2}\text{DE}\cdot\text{dist}(C, DE)+\frac{1}{2}\text{BC}\cdot\text{dist}(D, BC)\right]\end{aligned}$$

$$=(T_1)+(T_2).$$

こんどは隣接する二つの多角形 P_1, P_2 に分割された一つの多角形 P の一般の場合を考えよう．これらの多角形に付与される数 $(P), (P_1), (P_2)$ の値を求めるのに，これら三つの多角形の各頂点を通る ωy に平行なすべての直線によって作られる分解を用いることができる，定義では上に学んだ第二の特別な場合により，そのうちのあるいくつかのものだけが用いられるのであるが．

ωy に平行な隣接する二つの直線によって境された台形からの $(P), (P_1)$, (P_2) への寄与を調べよう；(P) の中に入る台形は，その内部にある P_1 および P_2 の辺によって，第一の特別な場合に調べられた具合に，あるものは (P_1) の中に，その他のものは (P_2) の中に入るところの部分台形に分割される；したがって，第一の特別な場合により，

$$(P)=(P_1)+(P_2).$$

γ ―― 命題 (γ) を証明するには，一つの三角形 ABC に付与される数を評価すれば十分であろう；その辺の一つが ωy に平行であれば，この数は既知である．そうではなくて，C を通り ωy に平行な線でこの三角形が二つの三角形 ACD, BCD に分割されるものと仮定しよう，そのときは

$$\begin{aligned}(ABC)&=\frac{1}{2}CD\cdot dist(A, CD)+\frac{1}{2}CD\cdot dist(B, CD)\\&=\frac{1}{2}AD\cdot dist(C, AD)+\frac{1}{2}BD\cdot dist(C, BD)\\&=\frac{1}{2}AB\cdot dist(C, AB)\end{aligned}$$

である．

36 教授上の問題と教師への注意 教授に際しては，われわれが得たばかりの，論理的観点からは完全な，あの三つの説明法の一つを採用すべきだろうか，それとも何か他の類比な手続きを用いるべきだろうか？

すでに述べたような，第一のものは普通の学生には，たぶんあまりに学問的で複雑すぎるだろう，経験のみがそれを決定しうるだろう；彼らには他の二つ

の方が近づきやすいだろう．しかしながら，学生たちには α, β, γ のこの確証の重要性を理解することは困難だろう，それは，これらの陳述が何度も使われた後になってやっと出てくるので，もう証明されたはずのことを人はいつも再び問題にしうるとおそらく彼らに考えさせることになり，かくして，論理的推論について変な観念を持たせることになるだろう．いずれにせよ，第二の説明法がよく知られており，永い年月いろいろな便覧書に載っているが，それにもかかわらず教育の中にしみ通っていないことは確かである．したがって教師たちは，暗黙的にか陽表的にか，α, β, γ を認めることには異議はない；私も，彼らと同様に，それには何も不都合なことはないと思う．ただ大切なことは，採用した説明法の射程について何の間違いも言わないこと，そして，そのためには，なされたことを，もしすべてを証明しようとすればなされねばならないであろうことと，注意深く比較することにより，それについて十分明るくしておくことである．この対決をおろそかにしたために，おかしな誤りが犯されたことがある．

　たとえば，任意の長方形 R を一辺が単位の長さの長方形 ρ に変形させる古典的手続きは，長方形の面積問題を解くのに十分だ，なぜならそのとき R の面積は長方形 ρ のもう一方の辺なのだから，と信じられている．確かに，ここに面積を定義する一方法がある；だが，古典的手続きとは別な手続きが，同じ長方形 R に付随する別な長方形 ρ' に，したがって異なる面積に導くことがないだろうということは，少しも明白でないのである．

37　面積の第四の説明法：有限同値な多角形　　このことを，有限同値の場合を考察することによって，明確にしよう．二つの多角形は，おのおのを二つずつ合同な有限な同数個の三角形に分割しうるならば，**有限同値**であるという．すべての三角形は，有限同値により，一つの長方形 ρ に変換されることを示そう．これが言えると，任意の多角形は，それを分割して得られる諸三角形に対応する有限個のかような長方形 ρ から形成される一つの長方形に同値であることが導かれるであろう．

さて，一つの三角形 ABC を考え，A′, B′ は CA, CB の中点としよう；三角形 A′B′C を点 B′ のまわりに 180° 回転させて三角形 B″B′B にしよう；ABC は平行四辺形 ABB″A′ に変換される；M を A′B″ 上の任意の点としよう．三角形 AA′M に平行移動 AB を施せば，平行四辺形 ABNM が得られる；それについて同じことを行うことができる，等々．よって，A と B の役割は取り替えることができるから，こうして ABB″A′ を，それと同じ底 AB と対応する同じ高さとを持つ平行四辺形の任意の一つに変換することができる．

これらの平行四辺形 ABDE の中に，AE が与えられた長さ l の整数倍であるものがある．

たとえば，AE=3l ならば，AE を三つの等しい部分に分割して，その分点を通って AB に平行線を引くことにより，ABDE を三つの合同な平行四辺形に分割する，これらの平行四辺形は，配列し直すと，$\alpha\beta$ が AB の3倍で $\alpha\varepsilon$ が l に等しいような一つの平行四辺形 $\alpha\beta\delta\varepsilon$ を与えるであろう．いまもし，$\alpha\varepsilon$ に AB の役割を演じさせて，ABB″A′ になしたのと同じことを $\alpha\beta\delta\varepsilon$ について行なうならば，$\alpha\varepsilon$ を底としそれに平行な底 $\beta\delta$ 上に存在する任意の平行四辺形を得ることができる；特に，長方形であるものが得られる．

もし $l=1$ にとれば，三角形 ABC は辺の一つが1に等しい長方形 ρ に変換されるわけである．もう一方の辺はいくらであるか？

ABB″A′ の底は AB で，対応する高さは ABC の C を通る高さの半分である．ABB″A′ から ABNM へ移るに際して，AB は同一のままであり，対応する高さもそうであるが，もう一つの底ともう一つの高さは変化する．しかしながら，底と対応する高さとの積が平行四辺形の二つの底に対して同一であることを注意するならば，その積は ABB″A′ から ABNM への移行において，またその後の諸変換において，不変に保たれることがわかる．このことから次の結果が得られる：b が ABC の底で h が対応する高さならば，得られるすべての平行四辺形について，底と高さとの積は $(1/2)bh$ である．

したがって，長方形 ρ の第二辺は $(1/2)bh$ である．より一般的に言えば，任

意の多角形 P が与えられたとき，それを三角形に分割し，おのおのの三角形を一つの長方形 ρ に変換することにより，P を，一辺が1で他の辺が考えられた三角形全部にわたって取られた和 $\sum(1/2)bh$ に等しいところの，一つの長方形に有限同値によって変換する仕方を知ったわけである．

これは面積の完全な理論を与えるか？ 否である，というのは得られた面積が一意的であること，すなわち用いられた三角形分割のそれに無関係であることが，証明されていないからである．それを信ずることは，たとえば，われわれの学生が，数を素因数に分解する特別な方法が一定の結果を与えることを確かめたというだけで，数は一意に素因数に分解できると速断するとき，われわれがあれほどしばしば非難する学生たちの誤りと同様な誤りを犯すことになるであろう．

明確に言えば，二つの多角形は，それらに付与された数が同一ということが満足されるときにのみ，**われわれの手続きの助けで**，有限同値により，相互に変換されうることをわれわれは見たのである．だがそのうえわれわれはこの条件が，二つの平行四辺形の場合には十分であること知っている；このことからただちに，それが任意の二つの多角形に対しても十分であることが従う．この結果から出発するとき，もしも**条件 α, β, γ を満足させることができるならば**，面積数は一因数までは決定されることが示されるであろう，それは δ を証明する．

かくして，面積のこの第四の理論は古典的理論と全く同値である[1]，それは，後者と同じく，α, β, γ に基づき，δ を証明し，そして多角形に関する限り，面積の決定を与えるのである．

この第四の理論を完全にするには，α, β, γ を確証することが必要だろう；たとえば，すでに示した三つの手続きの一つによって．多角形だけが扱われるのだから，なかでも最後の二つが適していよう．その場合，第二の手続きに与えることのできる簡単な形が，ヒルベルトの *Grundlagen der Geometrie*『幾

---

[1] この第四の理論は，古典的理論よりも優美であるが，体積へまで持っていけないという欠点がある．デーン (Dehn) により，同一の体積を持つ二つの多面体が，一般には，有限同値によって一方から他方へ変換されえないことが証明されたからである．

何学の基礎』の中に見られるだろう．第三の手続きも同じように利用できよう．もし簡単化が可能だとすれば，それは，以前よりずっと明白に，万事が，定義される数がうまく決定されることを示すことに帰着されることである．なぜなら，もしその通りであれば，β と γ はそれから導かれるからで，β の方は，その数は多角形のある分解によって定義され，γ の方は，一つの三角形に対しそれの位置に無関係に定義される．

38　証明には一般な数概念に訴えることが必要　かくして，一つの多角形を有限個の多角形塊に分割して，それを異なったふうに配列することにより，初めの多角形の内部に入るような多角形をともかくも作ることは不可能であるということが証明されるとき，この理論は完全になる．面積論の幾何学的基礎であるのはこの性質である．多角形については，この理論は三部に分けることができる．

1°　任意の多角形は，与えられた線分に等しい一辺を持つ一つの長方形に有限同値である．

2°　二つのそのような長方形は，もう一方の辺が等しくないならば，同値でない．

3°　第二辺の測度．

第三部は長さの測定，数の一般概念の導入そのものである；他の二つは整数の概念を仮定するのみである，そしてこの理由により，それらはいかにも純幾何学的性格のものだと言えるだろう．しかしながら，われわれは第一部は純幾何学的推論によって今しがた証明したのに，第二部について暗示される諸証明は，第三部，したがって一般な数概念に訴えるのである．

第二部，すなわち有限同値の方法における多角形の面積論の基礎をなすこの幾何学的事実を，数の一般概念に訴えずに証明することは，現在までのところ誰にもできていない；そして，事後的に，この同値法を正当化するものは，要するにいうなれば別途に獲得された面積の概念なのである．

39 続き しかしながら，この幾何学的事実は，日常の経験からわれわれに非常になじみ深いので，それが証明される必要があるということは理解し難いくらいである；それは，事実，単に一つの面分が空間におけるその位置とその諸部分の配列とに無関係に占めるところの広場 (place) の問題ではないのか？　この**広場**，それが面積なのだろう，そしてわれわれが語ってきたところの数は，ただこの面積の測度なのだろう；面積と混同しないのがよいと思われる．

広場といえば言葉は平凡であるが，それには，整数に関してのそれに類比なそして私が批判したところの，一つの形而上学的な提示が認められる．整数，それは一つの集団からそれを構成している物の順序および性質を変えることによって導かれるすべての集団が共通に持っているものである；面積，それは一つの面分からそれの部分の位置および配列を変えることによって導かれるすべての面分に共通なものであろう．形而上学的な整数は十進記数法を持った；形而上学的な面積は測度を持つであろう，それは十進法で表わされる形而上学的な数であろう．

ところで非整数な形而上学的数とは何であるかを考えるとき，どんな点に実在物が重なり合うかが注意されよう；しかし，これらすべては数学的に無益なので，定義のこの形而上学的提示が公然と採用されることは決してない．しかしながら，多くの人にとっては，面積とそれを測定する数とは依然として異なっている；私自身はどうかと言えば，「面積の測度」という表記における測度という語の使用は，「長さの測度」というときと同じ意味を持っている：それは，面積または長さについて語ることができるためには，単位を選ばねばならなかったことを思い起させる，それらは数なのである．数学で役にたつのは，ただただ，これらの数である；これらの数学的概念に形而上学的概念を付け加えることは各人の自由だが，後者は，教育の中に入り込んではいけない．また理論の論理的価値を判断しようとするときにもそうである；すでに述べたところの，長方形の面積に関する誤りは，疑いもなく，面積の存在が論理的に証明されたかどうかの検討をしながら，面積は存在が証明されることのない根元的

概念であるという考えが完全には去らない，ということから生ずるのである．

いま問題にしている事実が，何にでも便利な一種の公理：**全体はその部分より大である**から得られた時期があった，それは，長さに，面積に，そして体積に用いられた．結局どうしてそれなしですませられよう？

長さに対しては：すでにわれわれが用いたところの，運動に関する諸公理は，特に次のことを含蓄する：ABを，それを含む直線上で，A が A および B のもとの位置の間の位置に行くように移動させれば，B は A および B のもとの位置の外側に行くであろう．これは公理，「全体はその部分より大である」であって，したがってわれわれは，より明確な形でそれを再認したわけである．

面積に対しては：われわれが指示した三つの方法は，二つの長方形 $1, h$ と $1, h'$ とが同値でないということを，長さ h, h' が同値でないということから引き出す．面積の場合の公理は，長さの場合の公理から導かれた；われわれはいろいろな長方形の辺について推論するし，またいろいろな線分を個別化し区別するのに，常に数を用いるので，われわれの証明において再び非整数な数に出会った．なるほど，この使用はおおい隠すことができよう；だが，それでも，それはやはり純幾何学的証明ではあるまい，前にも言ったように，それにはまだ誰も成功していないのであって，また今後誰かにそれができそうだとも思われない，なぜなら上の証明と真に異なるためには，それは，長さに関する公理を用いてはならないだろうから．

40 教育学的な諸注意　今やわれわれは，古典的理論の正確な射程をよく知り，それを完全にするため克服すべきいろいろな困難と，論理的に完全な説明法の使用に逆らう教育学上の異議とが十分にわかったので，指導上の改善点をいくつか提示できることになった．

私はそのうち二つだけを提案しよう．その一つは副次的なものである；共通な一辺を持つ二つの長方形の面積はもう一方の辺の長さに比例するという定理はやめて，§25 におけるように，すなわち初等教育段階においても積分学においてもなされるように，長方形の面積を直接にうることである．その方がより

III 面積　59

速く，より自然であって，面積の比が数の比であることをわれわれとともに認めるならば，全く無用な長い議論が避けられるであろう；そこで用いられる方法は，聡明な生徒なら自分で再発見できるであろう．そしてわれわれは，他のいくつかの量に比例する量に関する大げさな一定理，多分わかる人もあるのだろうが，生徒たちにも私にも全くわからない定理，に訴えようという気にはならなくなるだろう．私はもっと後に，一般的に量の測度を論じるとき，この定理を取扱うだろう．

もう一つの改善はより重要であろう，それは，面積が根元的概念でないことを認め，§24 の定義をそれに与えることにあるだろう．定義は，推論の出発点としては用いないだろうから，軽くなされるであろう；ただそれを用いて §26 から §29 の諸命題が証明できることを断言するにとどめ，**それらは証明なしで述べられるであろう**．それからは再び古典的な接近をたどるであろう．この方法はすでに多少はある教師たちが採用しているものである；それはクロード・ギシャール (Claude Guichard) の幾何学教科書の方法である．

41　線分と円弧で限られた面分の面積に第一法の適用　以上の変更の利点を十分明らかにするために，まず円の弧と線分とで限られたいろいろな面分の面積の問題を完全なやり方で論じよう．

円の面積　p_K は円 C に内接する K 個の辺を持つ正多角形，P_K は C に外接する K 個の辺を持つ正多角形としよう．円に関する数 n_i と N_i は，K と i がいくらであろうと，p_K に関する数 n_i' と P_K に関する数 N_i'' との間にある．ところで，i が限りなく増大するにつれて，$n_i'/100^i$, $N_i''/100^i$ は，それぞれ p_K, P_K の面積に収束する，前者は増大しつつ後者は減少しつつ．よって各 K に対して十分大きな $i_0(K)$ がとれて，$i \geqq i_0$ に対し数 $n_i/100^i$ と $N_i/100^i$ は p_K の面積と P_K の面積との間にある．ところで §30 により

$$\frac{P_K \text{の面積}}{p_K \text{の面積}} = \left(\frac{C \text{の半径}}{p_K \text{の辺心距離}}\right)^2 = \frac{R^2}{a_K{}^2},$$

よって

$$P_K \text{ の面積} - p_K \text{ の面積} = p_K \text{ の面積} \times (R^2/a_K^2 - 1).$$

これは明らかに $1/K$ とともにゼロに収束する．よって，円は面積を持ち，その面積は p_K および P_K のそれの極限値に等しい．

同時に，われわれは円の弧を覆うのに必要な U_i-正方形の面積は，i が増大するにつれてゼロに収束すること，したがって線分および円の弧で限られた任意の有界面分が面積を持つことを証明した．

扇形の面積 一例として，$\alpha = 4235.43\cdots$ は扇形の中心角で，六十分法の秒で測ったものとしよう．S が円の面積ならば，この円は 1 秒の中心角の扇形を $360 \times 60 \times 60$ 個含むから，それらのおのおのは $S/(360 \times 60 \times 60)$ に等しい面積 s を持ち，問題の扇形は $4235s$ と $4236s$ の間の面積を持つ．中心角が 0.1 秒の扇形は，面積 s の扇形の中に十個あるから，その面積は $s \times 0.1$ である．したがって中心角が α の扇形は，$4235.4s$ と $4235.5s$ の間の面積を持つ，等々である．

ここで読者は，私がこれまでに何度か推奨したことのある，そして初等教育段階で用いられるあの推論の様式を認めるであろう．この推論における十進記数法の使用を精しく述べることは不必要だろうから，再度言及はしない．

扇形の面積が得られ，直線と円弧で限られた面分に対して性質 $\alpha, \beta, \gamma, \delta$ が確証されたので，これらの面分の面積論は完了した[1]．

42 ここの説明と教科書のそれとの比較 さて，この説明法と教科書のそれとを比較しよう．なるほど，その違いはわずかである，だが，それでも本質的な一点で違っている：それはここでは円の面積に対し**任意的な**定義をしなかったことである．確かに自然だが，論理的観点からすれば任意的な．

約二十五年の間，すべての教科書が採用してきた説明法は，要するに，p_K の面積の極限を，定義により，円の面積と呼ぼうと言うにある．こう言ったとき，ある教科書はこの極限の存在を証明し，他のものはそれを認める，だがそ

---

[1] 当然，円の面積 S を計算しなければならない；§30 によれば，それは πR^2 という形であるが，数 π と円周の長さとの間の関係は，曲線の長さが取り扱われた後で確立されるであろう．

れは大した問題ではない．

　昔，たとえば私の子供の頃は，多角形 p_K は円との違いが次第に少なくなるから，円の面積は p_K の面積の極限である，と全く素直に言ったものである．面積については，根元的概念と考えたので，円に対してにせよ多角形に対してにせよ推論はなされたが，これらの面積の陳述されなくて仮定された諸性質に頼ったわけである．これは明らかに論理的に満足なことではなかった；だがしかし間違ったことは何一つ言わないということがあった，これに対して，現行の説明は，私の意見では，一つの大きな誤りによって汚されている，いうなれば論理に反してではなく良識に反してであって，この方がいっそう重大である．と同時に，この素朴な軽信が，困難というものは口先の技巧によって克服されると期待させる数々の言葉の力の中に，表明される；まるで真の進歩がそんなに安価に達成できるかのように！

　実際に何がなされたか？　円の面積は p_K の極限である；これは任意的な定義であり，別などんなものによってでも置き替えられる命名である．これから従うように，この名前を採用して他のものを採用しなかったことは，かく円の面積と名づけられた数が性質 $\alpha, \beta, \gamma, \delta$ を満足するものの族の中へ急いで賢く入り直すのには十分でない．したがって，円の既知の面積から扇形の面積を論理的に導くことはできない，そうだと思い自称の推論を行うことは重大な誤りである．扇形の面積は，**定義によって**

$$S\frac{\alpha}{360\times 60\times 60}$$

である．このように定義によって与えられた扇形の面積から，推論によって弓形の面積を導くことはできない；弓形の面積が扇形の面積と三角形の面積との差であることは，定義によってである．

　もしも p_K の極限が円のタラバボウム (taraba boum) と名づけられていたなら，それから扇形と弓形とのタラバボウムの値は導き出せなかったであろう；それができたのは，タラバボウムという語の代りに面積という語が用いられたからである！　ここに良識に反するひどい誤りがある．しかしながら自分

はそんなことを犯していないと装う手段はある，だがこの新しい面積と生徒たちが取扱い慣れている面積とを同じとするとき，彼らの中に引き起こされるに決まっている混乱を想像すべきだ；誤りと偽善のいずれを選ぶかは各人の自由だが．

さらに，**定義によって**という予言的語を円，扇形，および弓形に対して三度繰返せば窮地を脱しうると思うなかれ；なぜならこのように定義された面積は何の役にも立たないだろうから．使う権利の ない命題 $\alpha, \beta, \gamma, \delta$ に途中で出会うことなしには，面積という主題についていかなる問，いかなる問題をも取扱えないだろう；たとえば，ヒッポクラテスの半月形のあの古典的問題は取扱えないだろう．

よって面積を計算する前に面積の概念を持つことはなんとしても必要である；それは取扱おうとするすべての面分に対して性質 $\alpha, \beta, \gamma, \delta$ を惹き起す概念である．私の子供の頃の方法は，すべての面分に対し同じふうに述べることはなかったが，要するにこれらの性質を用いたもので，異なる面分の間に不運な差別立てをする現行の教科書のそれよりは良かった；円の面積は内接多角形 p_K の面積と外接多角形 P_K の面積との間にあると言って，極限の面分という考えの使用を追い払うだけで，昔の方法は全く受容できるものになるだろう．それはつまり私が本書で推奨するものと合致するだろう．もちろん，後者においては，多角形に対して面積の存在を証明するかあるいは認めた後に，線分や円弧によって限られた面分に対し面積の存在を証明するかあるいは認めるかするであろう．

われわれは明らかに，円の，扇形の，および弓形の面積の定義をここに選んだ仕方で与えるという程度にとどめてよかろう．というのは主張 $\alpha, \beta, \gamma, \delta$ を満足させるのは，これらの諸定義をもってで，しかもただそれらをもってだけだからである；だがこれは，任意的な定義にかかわることではなくて，反対にいろいろな研究の結果，これらの定義が選ばれ他のものが選ばれなかったことを認めることであろう；ただこれらの研究のアイデアを与えることは断念してよかろう，§24 の諸考察がそれを占わせるのに十分だろうから．

43　もっと一般な面分への適用．具体から抽象へ　これで私は平面の面積の問題については終了した；しかしながら，推奨した手続きの柔軟性を示すために，線分と円錐曲線弧で限られた面分，初等幾何学でときどき出会う面分，の場合を考察しよう．そのような面分は，もし有界ならば，面積を持つだろうか？　言い換えれば，円錐曲線の有限な弧は，面積の和が任意に小さいいくつかの多角形で覆われうるだろうか？

楕円の一つの弧の場合には，正射影に関する定理を用いよう．D は一つの領域，d は D の正射影としよう；D の平面内に，網目 T を取ろう，それの辺は D と d との両平面の交線 XX' に平行で，これらの平面の間の角は θ とする．正方形 U_i の射影は長方形 u_i で，XX' に平行な u_i の辺は $1/10^i$，XX' に垂直な辺は $\cos\theta/10^i$；u_i の面積は $\cos\theta/100^i$ である．さて，D は n_i 個の U_i-正方形を含み N_i 個の U_i-正方形に含まれる，よって d は N_i 個の長方形 u_i によって作られる，面積が $N_i\cos\theta/100^i$ なる多角形に含まれ，面積が $n_i\cos\theta/100^i$ なる多角形を含む．したがって，D が面積を持つならば，d も面積を持ち，d の面積$=D$の面積$\times\cos\theta$ である．

双曲線あるいは放物線の弧の場合は，同様に

$$d\text{ の面積}\leqq D\text{ の面積}\times K$$

という，互いに中心射影である二つの多角形 d と D との面積の間の関係を用いることができよう；これにおいて，K は，中心射影によって互いに対応する二つの有界面分の中に置かれたすべての対 (d, D) に対して一定な数である．しかしながら，**凸で有界な弧はどれもみな，面積の和が任意に小さいところの諸多角形によって覆われうる**ことを証明するほうが，より簡単でかつより一般的である．

ここにそのような一つの弧があるとし，それを部分弧に分割するのに，そのどれもみな直交座標軸 OX, OY の平行線と一点より多くの点では出会わないものとする．そのような分割の可能性はただちにわかる．しかしながら，それを正確に証明することは困難であろう，凸という語のせいではなくて，曲線とか曲線弧とかいう語が初等幾何学では正確に定義されてないためである．それにも

かかわらず，これから推論しようとするのはそのような部分弧についてである；その証明は有限個のこれらの部分弧によって作られる弧に対し役立つであろう．

よって Γ はそのような一つの弧で，OX, OY に平行な辺を持つ長方形 AA'BB' で完全に覆われるとし，またその二つの対頂点 A, B は Γ の両端点であるとしよう；S をこの長方形の面積としよう．Γ は，その凸性により，完全に三角形 AA'B 内かさもなければ完全に三角形 ABB' 内に存在する；いま完全に AA'B 内に存在するとしよう．AA'B を，辺が OX と OY に平行であるいくつかの長方形で覆い，しかもそれらの面積の和が AA'B の面積を任意小量だけ超えるようにすることができる．よって，この面積の和は $(2/3)S$ より小であると仮定できる．これらの長方形の中で，Γ の点を含むものだけを残し，それらのおのおのを，Γ の同じ諸点を含むのに十分な平行な辺を持つ長方形に縮小する；これらの変形を行った後には，総面積が $(2/3)S$ より小で，それらの合併が Γ であるところの弧 $\Gamma_1, \Gamma_2, \cdots$ をそれぞれ含んでいるいくつかの長方形が得られる．この推論を $\Gamma_1, \Gamma_2, \cdots$ に対して繰返せば，Γ は総面積が $(2/3)^p S$ より小なるいくつかの長方形で覆われる，等々．これで証明は完了した．

かくして，これまでに展開した面積の初等的理論は，特に，線分あるいは凸な曲線弧の有限個によって限られる任意の有界面分に適用される．

以上の推論は，われわれが定積分を取扱うとき用いる推論の準備となり，また多分それを理解しやすくするであろう．生徒たちは，初等幾何学から解析学へ移るとき，言葉が前はより幾何学的であったのに，後ではより解析学的である，ということ以外，何も変わらないことを，より容易に理解するのでなかろうか？ そして多分彼らは達成された進歩をある程度悟るであろう：常に，数学においては，出発点は具体的である，言葉もまた具体的である，最もしばしば幾何学的である．これは想像力に助けになる；現実はとても豊かだから助けになりすぎるくらいである；多すぎる考察が注意力をひく．初めの諸推論もまた，それらがこれらの特殊な考察を尊重するので，非常に限定された射程を持

つのみである．少しずつ，おのおのの問題が他の諸問題から引き離され，おのおのに対し本質的なものが識別される，言葉がより解析学的かつ抽象的になると同時に，推論はより一般的になる．この抽象性は，内容が空なものではなく，全く反対で，言葉はただ，より多数の現実にいっそう手早く適用できるようになるために，抽象的になるのである．

IV 体　　積

　面積の章は，それからほとんど常に明白な，多くの場合語の置き替えにすぎない変更を行うことによって，節ごとに，体積の理論に導くことができるように，書かれた．こうやって，私が面積論の第一，第二，第三の説明法と呼んだものに相当する体積に関する説明法が得られる．第四の説明法，すなわち有限同値に関するもの，を体積に拡張することは，問題にできないだろう．というのは，同一体積の二つの多面体は有限同値によって一方から他方へ変換できないことが，デーン (Dehn) によって証明されたからである．

　私は体積に関するこれら三つの説明法を展開しようとはしない．前章にもたらすべき変更の中で，あまり直接的でないものを指示することで満足しよう．そのうえ第一の説明法を，**可能ではあろうが**，節ごとに翻訳することはしない．面積に対して得られた諸結果を利用して，それを短くしよう．

44　第一の説明法．立方体網目　　立方体の網目 T を用いれば，§24 において面積が定義されたのと同様に体積を定義することができる，§24 の逐語的な翻訳を以下に述べることで置き替えればよいからである．

　ωxyz を網目 T の，一つの立方体の三辺によって作られる直交三面角とし，一つの直角柱あるいは直柱で高さが ωz に平行なものを考察しよう．柱の直角横断面の面積は B，高さは長さ H であると仮定しよう．

　T の立方体の面の平面で ωxy に平行なものは，この高さの上に，長さ 1 の線分 U_z，長さ $1/10$ の線分 $U_{1,z}$，長さ $1/10^2$ の線分 $U_{2,z}$，等々から成る完全な目盛り T_z を刻む．T の立方体の面の平面で ωz に平行なものは，この柱の横断面上に，辺が 1 の正方形 U_{xy}，辺が $1/10$ の $U_{1,xy}$，等々から成る完全な網目 T_{xy} を作る．この目盛りと網目によって，高さの長さと横断面の面

積を測定することが可能になる．$n_{i,z}, N_{i,z}, n_{i,xy}, N_{i,xy}$ は，線分 $U_{i,z}$ と正方形 $U_{i,xy}$ がこれらの測度に対し，それぞれ，与える個数としよう．i が限りなく増大するとき，$(N_{i,xy}-n_{i,xy})/100^i$ と $(N_{i,z}-n_{i,z})/10^i$ はゼロに収束し，$n_{i,xy}/100^i$ と $n_{i,z}/10^i$ は B と H に収束することを，われわれは知っている．

ところで，n_i と N_i が，考える柱に対して T の立方体 U_i によって与えられる数とすると，$n_i = n_{i,z} \times n_{i,xy}$; $N_i = N_{i,z} \times N_{i,xy}$ である．よって

$$\frac{N_i - n_i}{1000^i} = \frac{N_{i,z}}{10^i} \times \frac{N_{i,xy}}{100^i} - \frac{n_{i,z}}{10^i} \times \frac{n_{i,xy}}{100^i}$$

$$= \frac{N_{i,z} - n_{i,z}}{10^i} \times \frac{N_{i,xy}}{100^i} + \frac{n_{i,z}}{10^i} \times \frac{N_{i,xy} - n_{i,xy}}{100^i}$$

で，これはゼロに収束する．よって，柱は体積を持つ．この体積の近似値は

$$\frac{n_{i,z}}{10^i} \times \frac{n_{i,xy}}{100^i} \quad \text{と} \quad \frac{N_{i,z}}{10^i} \times \frac{N_{i,xy}}{100^i}$$

である．数 BH はこれら二つの値の間にあるから，体積は BH である．

45 合同な立体の体積 よってこの体積は，ωz がそれ自身に平行なままであるような，T と柱との相対変位に対して不変である．また，ωx の方向または ωy の方向を一定のままに保つ変位においても，もちろんのことである．

この結果を一般化して，もしある立体 C が体積を持つならば，ωz がそれ自身に平行なままであるような C と T との相対変位の後で，それがやはり体積をしかももとと同じものを持つことを示そう．C' を T に関する C の新しい位置とし，Γ_i, Λ_i を，C に含まれる T の n_i 個の U_i-立方体および C を覆う N_i 個の U_i-立方体によって，それぞれ作られる図形とするとき，Γ_i', Λ_i' は C とともに移動すると考えた Γ_i, Λ_i の新しい位置としよう．

Γ_i または Λ_i の各 U_i-立方体は，考えられた変位によって同一体積の U_i'-立方体に変換される．よって，j が十分に大きければ，U_i' の中に含まれる U_j-立方体の全体は，体積の和が $1/100^i$ に任意に近い過小な値のものであり，

一方 U_i' を覆う U_J-立方体の全体は，体積の和がこの数に任意に近い過大な値である．その結果として，十分大きな j に対して，U_J-立方体は C' に対して，$n_i/1000^i$ より小さく取られた任意の数より大きな値 $n_j'/1000^j$ と，$N_i/1000^i$ より大きく取られた任意の数より小さな値 $N_j'/1000^j$ を提供することになる．よって ε がどんなに小さくても，十分大きな j に対しては，

$$\frac{N_j'-n_j'}{1000^j} \leq \frac{N_i-n_i}{1000^i} + \varepsilon$$

が成り立つ；いいかえれば，C' は体積を持ちかつこの体積は，$n_j'/1000^j$ と $n_i/1000^i$ との共通の極限であるから，また C のそれでもある．

今度は C と C' は二つの合同な立体とし，C は体積を持つと仮定しよう．C によって運ばれる軸を $\omega\zeta, \omega\zeta_1$ と記し，C が C' と一致するときそれらの位置は $\omega'\zeta, \omega'\zeta_1$ であるとしよう．$\omega\zeta$ は ωz と一致し，$\omega'\zeta_1'$ は ωz に平行で同じ向きを持つと仮定しよう．

まず，C を ωz のまわりに回転して，$\omega\zeta_1$ を平面 ωxz 内に持ってくる，次に ωy のまわりに回転して，$\omega\zeta_1$ を ωz に持ってくる，最後に，ωz をそれ自身に平行のままにする移動で $\omega\zeta_1$ を $\omega'\zeta_1'$ に持ってくる．かくして C は C' に，それぞれ，体積を保存する三つの変位によって，持ってこられた；よって C' は体積を持ち，それは C の体積に等しい．

46 多面体の体積 この結果は体積に対する性質 γ である；そして，性質 β, γ と単位の変更の影響とは，面積の場合と同様に体積に対して調べられるから，体積の理論はある意味において達成された；ただそれがどんな立体に適用できるのか，たとえば，すべての多面体がその中に含まれるのかどうか，まだわかっていない．

任意の多面体は体積を持つ，より一般には，いくつかの平面領域と直角断面が面積を持つような直柱の側面の部分とで限られる有界な立体は，すべて体積を持つ．事実，すでに見たとおり，柱でその直角断面が面積を持つものは，母線が ωz に平行のとき，したがって §45 により，任意の位置において体積を持つ；言いかえれば，そのような柱の全表面は，十分大きな i に対して，体積

の和が任意に小さいいくつかの U_i-立方体の全体で包むことができる；なおさら，同じことが，底から切り取られた面分について，また側面において切り取られた部分について成り立つ．最初に述べた定理はこれから従う．

47 立体の体積の変位に対する不変性（第一の方法の変形） よって，残っているのはいろいろな多面体の体積を計算することだけである；それをやる前に，第一の方法の別な変形を指示しよう；それはなお次のように面積の研究にも適用できる変形である．

この研究において，§ 24-28 の議論はすでになされたものと仮定しよう；§ 29 の代りに，次のように推論しよう．

$\omega x, \omega y$ に平行な辺を持つ長方形の面積が二辺の積であることは，すでに知った；このことから前と同様に，平行移動が面積を変えないことが従う．回転が辺 c の正方形に及ぼす影響を調べよう；新しい位置にあるこの正方形を $\omega x, \omega y$ に平行な直線によって四個の合同な直角三角形と一個の小正方形とに分割する．a, b はこれらの三角形の辺で $a<b$ としよう；小正方形は辺が $b-a$ のものとしよう．これらの三角形の二つを平行移動させると，面積が $(b-a)^2$ の小正方形の外側に，面積がおのおの ab の二つの長方形が，よって面積が

$$(b-a)^2 + 2ab = a^2 + b^2 = c^2$$

なる一つの多角形が得られるだろう，§ 27 を見よ．

よって，正方形の面積はその位置に無関係である；このことから，面積を持っていて，それに対して数 n_i および N_i があてがわれる領域 s に対しては，変位の後 $n_i/100^i$ と $N_i/100^i$ は，やはり，一方は s に含まれ，他方は s を含むところの，二つの多角形の面積を表わすことが従う．かくして変位は面積の存在にも，その値にも，全く影響を及ぼさない．

体積にもどろう，そして面積に関する説明に一歩一歩習うことによって，§ 29 に類比な結果に到達すると仮定しよう，次のように言えるだろう：

立方体の体積はどんな種類の変位によっても変わらない；そのような変位の一つは平面 $\omega xy, \omega yz, \omega zx$ の一つがそれ自身の上を滑るような変位の結果

として生ずるから，ωxy がそれ自身の上を滑ると仮定してよかろう．$n_{i,xy}$, $N_{i,xy}$, $n_{i,z}$, $N_{i,z}$ は，変位以前の，この立方体に関する数としよう（§44を見よ）；変位の後に，数 $n_{i,z}$ と $N_{i,z}$ は同一のままで，他のものは $n'_{i,xy}$ と $N'_{i,xy}$ になる．したがって，変位後は，立方体の体積は

$$\frac{n_{i,z}}{10^i} \times \frac{n'_{i,xy}}{100^i} \quad \text{と} \quad \frac{N_{i,z}}{10^i} \times \frac{N'_{i,xy}}{100^i}$$

の間にあるだろう，そしてこれらの積の第二の因数は，面積の研究により，立方体の底の面積に向い，それは変位に無関係である．

立方体の体積の不変性がこのように確立されたので，変位が体積の存在にも，その値にも影響を持たないことが従う．

48 体積計算の簡単化 よって，第一の方法を提示する仕方はいろいろあるが，みな完全に説明するとかなり長くなる．ほかにも方法が考えられよう．そのうえ，すべて体積の計算を必要とする；この計算は古典的方法によってなすことができる．ここに，私は四つの簡単化あるいは注意を指示しよう．第一は直角柱の体積を一挙に計算することにある（§44）．

これができると，平行な底を持つ角柱の体積は直角横断面と辺との積であることが，普通の仕方で，導かれる．第二に，いろいろな平行六面体の全部の順序を経る代りに，線分および面分の射影に関する二つの定理から

$$\frac{横断面の面積}{底の面積} = \frac{高さ}{辺の長さ}$$

が得られることを注意する，これから体積が底と高さとの積であることが従う．この簡単化は多くの教師によって用いられている；次の第三の注意はそうでないようだが，それも §44 の諸考察に基づくものである．

体積を持つ立体 C は，平面 P に関する直角あるいは斜めの折り返しによって，同一体積の立体 C' に変換される．網目 T は C に関して全く任意の位置に取ることができるから，立方体 U の面を P 内に置こう．折返しは立方体 U_i を，その P に平行な底は U_i の底に等しく，対応する高さがまた U_i の高さに等しいところの，平行六面体 Π_i に変換する；よって，Π_i は U_i

と同一の体積を持つ．さて，n_i と N_i が C に関する数であるならば，C' は $n_i/1000^i$ なる体積の Π_i-平行六面体の全体を含み，$N_i/1000^i$ なる体積の Π_i-平行六面体の全体に含まれるということになる．これで上の補助定理は証明された．

古典的方法にもどって，ABCD を四面体としよう；平面 ABC, DAB, DAC と，CB を通って DA に平行な平面 CBEF と，ABC に平行な平面 DEF とによって限られる，三角柱 ABCDEF を考察しよう．この角柱は三つの四面体 ABCD, EBCD, および ECFD によって形成される．これらの四面体の任意の二つは斜めな折返しにより互いに一方から他方が得られる；例えば，一つの面を共有する四面体はその面に関して対称である．よってそれらは同一体積を持つ；底 ABC と D を通る高さとの積の三分の一であるわけだ．

49　続き．角錐台の体積の公式　多面体の体積の計算は事実上完了した[1]．私の第四の注意は，全く副次的であるが，角錐台の体積に関係がある：さっき用いたばかりの図形を，平行な同じ向きの辺を持つ二つの三角形 abc, def およびこれらの三角形と平面 $abed$, $bcfe$, $cadf$ とによって限られる立体 S をとることにより，一般化しよう．def が abc に合同であれば角柱である，def あるいは abc が一点に収縮すれば四面体である；これら三つの場合には，体積はそれぞれ HB, $HB/3$, $Hb/3$ である；ここに B は平面 abc 内の底，b は平面 def 内の底，H は高さである．これらの体積のうち第一のものは Hb, $H(B/5+4b/5)$, あるいは他の仕方にも書くことができる．他の二つのものについてもいくつかの式を得るには，四面体の底の面積とは別の面積を導入する必要がある．b_m を abc と def とから等距離にある平面による立体の横断面としよう．角柱に対しては $b_m=B=b$ である；四面体に対しては $4b_m=B$ で $b=0$，あるいは $4b_m=b$ で $B=0$，のいずれかである．よって三つの体積は同一の公式

---

1) だが任意の（凸またはそうでない）多面体が有限個の四面体の合併によって形成されることを示すことにより，このことを証明するのが適当であろう．

$$H(\lambda B + \mu b + \nu b_m)$$

によって表わされるだろう．角柱の場合には $\lambda+\mu+\nu=1$, $b=0$ の四面体の場合には $\lambda+\nu\times(1/4)=1/3$, $B=0$ の四面体の場合には $\mu+\nu\times(1/4)=1/3$, これから $\lambda=\mu=1/6$, $\nu=2/3$ が従う．

これは公式

$$\frac{H}{6}(B+b+4b_m)$$

を与える．

B, b, b_m がともに線形に現われている公式を持つ利点は明白である；というのはこの公式は，それが成り立つ同一底平面の諸立体から出発して，それらのいくつかを結合したり，他のいくつかを取り去ったりして，つまり，立体の一種の代数和を実現することにより，構成できる立体にまで，適用されるからである．

例えば，この公式は，abc 内に二頂点を持ちかつ def 内に二頂点を持つ四面体 BCDE に適用することができる，なぜならそのような四面体は角台 ABCDEF から二つの四面体 ABCD, EFCD を取り去ることによって得られるからである．

なお例えば，この公式は前に考察したすべての立体 S に適用される，なぜなら S は三つの四面体 $abcd$, $ebcd$, $efcd$ から構成されるからである．

特に，これは三角錐台に，したがって任意の角錐台に適用される，なぜならそれは三角錐台の合成によって作られるからである．ところで，もし D, d, δ によって B, b, b_m の諸平面への角錐の頂点からの距離を表わすならば，

$$\frac{D}{\sqrt{B}}=\frac{\delta}{\sqrt{b_m}}=\frac{d}{\sqrt{b}}=\frac{D-\delta}{\sqrt{B}-\sqrt{b_m}}=\frac{\delta-d}{\sqrt{b_m}-\sqrt{b}}$$

が成り立ち，終りの二つの分子は等しいから，

$$\sqrt{B}-\sqrt{b_m}=\sqrt{b_m}-\sqrt{b}, \quad \sqrt{b_m}=\frac{1}{2}(\sqrt{B}+\sqrt{b}),$$

$$b_m=\frac{1}{4}(B+b+2\sqrt{Bb})$$

で，体積は

$$\frac{H}{3}(B+b+\sqrt{Bb})$$

である．

　角錐台の体積を求めるこの方法は，二つの角錐の差を作る方法ほど自然でも手早くもないが，三つの平面を含む公式，後に再び立戻る公式の重要性を明白にしている．

50　第一の説明法．面積に対する射影定理　　第一の方法の多面体への適用に関して言うべきことはこれ以上何もない．よって，第二および第三の方法へ移るのだが，思い出すと，それらは，まず条件 α, β, γ，それらを満足させることが可能であると仮定して，それらを満足させる体積を評価するのに古典的考察を使用し，そのこと自身によって性質 δ を証明し，次いで，得られた数が実際に α, β, γ を満足することを確証することにある．ここで $\alpha, \beta, \gamma, \delta$ というのは，もちろん，面積論の陳述で，面積および面分という語を体積および立体という語で置き替えることで変更したものである．

　確証は，面積の場合には，多角形に対し第二の方法では極座標の求積公式から，第三の方法では直角座標の求積公式から，それぞれ導かれる諸公式を用いて達せられた．今度は，球面極座標，円筒座標あるいは直角座標での求積公式の多面体への応用を用いることになる；これから三つの手続きが生ずる．このうち第一のものは古典的なもので，私は§33で用いたのと類比な提示の変更部分だけを指示しよう，というのはそこで面積の射影に関する一定理を用いるが，それは便利なのにかかわらず，教室では普通用いられないからである．

　われわれは，平面内に一つの（直）角 ωxy を取ることにより平面に向きをつけることを知っている；向きづけられた二平面を考えるとき，これら二平面の間の角と呼ぶものは，それらに向きをつける二つの直角をおのおのの第一の軸が二平面の交線上で一致するように取ったとき，第二の軸 $\omega y, \omega y'$ のなす角である．この角の余弦が正であるか負であるかに応じて，平面の一つにつけられている向きと，他の平面に向きをつけている（直）角の（正）射影によって生ずる同じ平面の向きとは一致するかしないかであることは明らかである．こ

の余弦の絶対値は，§43 で与えられた面積に関する定理に見られた数である．

だがここでは面積に符号をつけることにしよう；そのため ΩXY によって向きつけられた平面内で，一つの面分 Δ を，ただしそれに角 ωxy と同じ向きをつけたとして，考察しよう．ΩXY と ωxy の向きが同じであるか否かに応じて，Δ の面積に——面積を持つ面分だけを取扱うわけだが——正符号かあるいは負符号をつける．そのときは，向きづけられた一つの平面上への Δ の正射影に，ωxy の射影によって定義される向きをつけることにより，

射影の公式

$$\Delta \text{の射影の面積} = \Delta \text{の面積} \times \cos(\text{射影の角})$$

が成り立つことがわかる．

一つの多面体 Π を考えよう，そして直角三面角 ωxyz を，ω が決して Π から離れないように動かすとしよう．ω を一つの面内にもってきて，ωz をこの面の法線で内部に向かうものと一致させれば，ωxy はその面の向きを定義する．**射影の定理**は次のように述べられる：

一つの多面体の向きづけられた諸面の正射影の面積の和はゼロである．

$$F + F' + \cdots + F^{(k)}$$

をこの和としよう；この多面体の射影を描けば，面の射影のおのおのはいくつかの多角形 p に分割され，これらの多角形の面積 P に，それらが生じたもとの面の射影の面積と同じ符号をつけるならば，上の和は

$$(P_1 + P_2 + \cdots) + (P_1' + P_2' + \cdots) + \cdots + (P_1^{(k)} + P_2^{(k)} + \cdots)$$

と書かれるだろう．

この和の中には同一の多角形 p が，ときには正項，ときには負項として，何回か現われうるであろう．定理はこの p が同数の正項と負項を与えることを主張するのである．事実，p の内部の一点 Ω を通り射影の平面 H に垂線を立てよう，この垂線上に三面角 ωxyz と同じ符号の三面角 ΩXYZ の軸 ΩZ を置こう，角 ΩXY は H の向きを固定する；なお三面角 ωxyz は，ω が Ω に射影される Π の境界面の点に一致し，かつ ωz がこの境界面の法線で内部に向かうものとする．最後に，ΩX と ωx が平行で同じ向きになるように，

ΩXYZ を ΩZ のまわりに，ωxyz を ωz のまわりに回転しよう．そのときは，ΩY と ωy の間の角が鋭角であるか鈍角であるかにしたがって，H と ωxy によって向きづけられた面の平面との間の角の余弦は正または負である，すなわち p はこの面の射影の中に正または負の寄与をなす；いいかえれば，この角はまた ΩZ と ωz の間の角で，そのうえ ωz は内部に向いているから，ΩZ を正の向きにたどるとき，射影が Ω なる点を通る際，多面体に入るかまたはそれから出るかに従って．

しかし軸 ΩZ をすっかりたどってしまう間に，入る点と同数の出る点に出会うことは明らかである；これで定理は証明された．

定理はわれわれが関心を持つ問題にさっそく応用される．O を任意の一点としよう；§33 と同じように，多面体 Π が O を頂点とし Π のおのおのの面を底とする角錐の代数和であることを示して，それから角錐の体積に対して見出された公式を用いることにより，Π に

$$\sum \frac{1}{3} \Phi_i \times H_i O$$

なる和を付与する．ここに Φ_i は一つの面 φ_i の面積（正），H_i は O から φ_i に引かれた垂線の足で，$H_i O$ は ωxyz を φ_i の向きを固定する位置に置いたとき ωz によってとられる方向に沿って測られる．

この数が正なことと条件 β および γ を満たすことを確かめることが残っている；このことはそれが O に依存しないことの結果としてただちに生ずる（§33 を見よ）．事実，O を O' で取り替えたとしよう；和は

$$\frac{OO'}{3}\sum \Phi_i \cos(OO', H_i O) = \frac{OO'}{3}\sum \Phi_i \cos(\varphi_i, OXY)$$

だけ変わるであろう，ここに三面角 $OXYO'$ は直角三面角で ωxyz と同じ符号のものとする．われわれの射影の定理によれば，この等式の右辺はゼロであり，これは Π に付与された数の不変性を証明する．

51　第二および第三の説明法　他の二つの手続きは，円筒座標あるいは直角座標での立体求積公式から導かれる任意の多面体の体積の式を用いなければ

ならない．これら二つの公式は z についての積分と x, y についての二重積分を含んでいる；これら二つの積分はどちらでも好きな順序に実行することができる．このことは，多面体をその辺を通って oz に平行な平面を引くことにより角柱台に分割するか，あるいは頂点を通って oxy に平行な平面を引くことにより薄片に分割することになる．

　第一の分割を取ろう；われわれはおのおのの角柱台の体積をその角柱の直角横断面について取られた二重積分によって評価しなければならない，ただしこの積分は，もし円筒座標を用いていると極座標の助けによって，もし空間のデカルト座標を用いていると普通の座標の助けによって，計算される．これらは，直角横断面の上に，それぞれ，§33 および §35 の分割を行うことになる．よって多面体を，第一の場合には，母線が oz に平行でその一辺をすべて oz 上にもつ三角柱台の代数和として，第二の場合には，母線が oz に平行で直角横断面が oy に平行な底の台形（三角形になることもある）である角柱台の和として，考えることになる．

　この解析全体は，その唯一の目的とするところは，必要な分割を求めることであった；もちろん，初等的な説明においては，積分のことは話さないだろうし，予備的な説明なしに与える分割の起りについては何も言わないだろう．よって次のように言うだろう：任意の多面体をこれこれしかじかのやり方で三角柱台あるいは台形柱台の代数和に分割せよ，そして，たとえば，三つのレベルの公式によって与えられるとして随意的に考えられたその体積の代数和を作れ；この和は，われわれが多面体に付与する数である．

　もちろん，性質 α, β, γ を確かめることが必要であろう；これらの確証は今しがた考察した二つのどちらにおいても容易に想像されるから，それは省略し，私は薄片への分割がもたらすことを調べよう．

　これらの薄片の一つの体積を極座標によって計算することは初等的でない，それは薄片を双曲放物面でもって細分することになろう；しかし，普通の座標はそれに初等的な式を与える：薄片の各側面に，その面の点を yoz 上に射影する線分，面と yoz の間の部分，によって作られる底が台形または三角形で

ある角柱台を対応させよう．多面体はこれらの角柱台の代数和である．このことからも任意の多面体の体積の式が得られ，それは α, β, γ を満たすことが確かめられる．

52 薄片による公理 α, β, γ の検証　以上が，§35 で面積に対してやったことを体積に対して行なった三つの説明法のあらましである；そのうちの最後のものに §35 のそれにもっと近い形を与えよう．

与えられた多面体を，その頂点を通り oxy に平行な平面によって薄片に分割する；これらの薄片のおのおのは，oxy に平行な底平面と呼ぶところの二つの平面内にある二つの多角形と，底がそれぞれ二つの底平面内にあるいくつかの台形，それは三角形になることもあるが，によって限られる立体である．これに後の分割を行うと，それが，ox に平行な母線の，底の一つが薄片の台形または三角形の側面であるようないくつかの角柱台の代数和であることが示されている．台形台のおのおのを対角面によって分割すれば，三角形台だけを考えればよいことがわかる；それらのおのおのは，三角柱と同様に，三つの四面体に分割され，最終的には，薄片は四つの頂点が二つの底平面内にある四面体の代数和と考えることができる．そのうえ逆に，そのような四面体の代数和は，すべて，これまで薄片と呼んできた立体の形を持つ．よって薄片は，§49 の考察によって三レベルの公式の適用が正当化される最も一般な多面体である．このことから，条件 α, β, γ が矛盾しないことを示すには，もう示唆ではなく以前の解析に導かれて，次のように言えるだろう．

与えられた任意の多面体を oxy に平行な平面によって薄片に分割しよう；おのおのの薄片の高さは H_i，二つの底多角形の面積は B_i, b_i で，底平面から等距離にある平面による横断面の面積を β_i とする．この多面体に数

$$\sum \frac{H_i}{6}(B_i + b_i + 4\beta_i)$$

を付与する（性質 α）．性質 β と γ を確かめることが残っている．

§35 と同様に，まず β の特殊な場合を調べる：薄片が，同じ底平面を持つ二つの他の薄片の和である場合と，一つの多角形底を共有してたがいに反対側

にある二つの他の薄片の和である場合である．この第二の場合のみ説明が必要である；薄片 (H, B, b, b_m) の二つの底平面に平行でそれらからの距離が L および l ($H=L+l$) なる断面の面積の計算法がわかれば，検証は簡単な代数的計算の結果として得られるだろう．

$b=0, b_m=B/4$ の場合には，この面積は $(l/H)^2B$ である；$B=0, b_m=b/4$ ならば，それは $(L/H)^2b$ である；$B=b=b_m$ ならば，それは B である；ところで，薄片は，四つの頂点が底平面内にある四面体の代数和であるから，それはそれ自身四面体と三角柱の代数和で (§49 を見よ)，すべていま列挙した三つの特殊な場合の一つとして現われる．

よって任意の薄片の横断面は $\lambda B+\mu b+\nu b_m$ によって与えられるであろう，ただしここに λ, μ, ν はこの式が上に述べた三つの特殊な場合に成り立つように，すなわち

$$\lambda+\frac{\nu}{4}=\left(\frac{l}{H}\right)^2;\ \mu+\frac{\nu}{4}=\left(\frac{L}{H}\right)^2;\ \lambda+\mu+\nu=1$$

を満たすようにとるものとする．

これから，公式

$$\frac{1}{H^2}[l(l-L)B+L(L-l)b+4Llb_m]$$

が得られ，これから出発して検証は代数的になされる．

一般の場合における β の検証は §35 と同様に導かれる．γ の検証も同様に四面体に付与される数の計算に帰着し，それは §35 と同様に行われる．

53 教育学的諸注意．丸みを持った立体の体積 こうして，遂に，他のことはさておいて，面積に関するものと全く同様な三つの説明法が得られた．繰り返して言うが，私はこれらの説明が授業に採用さるべきものとは思わない；しかし，われわれが行ってきた研究は，数学の離れた諸章，いまの場合には初等幾何学と積分学，を接近させることにより，理解への努力の一例として，将来教師になる人々に推薦してよいものと思われる．このような努力は彼らが将来教えなければならない教材をマスターするのに助けになりうるし，またも

しわれわれがただ単にその補充に専念するのでなく，もっと教師の訓練にかかわるならば，当然要求さるべきことである．

　教育の実地に関して，この研究から引き出される結果については，すでに§40 に述べた事柄である：伝統的な長ったらしい提示を避け，何よりも，体積は定義を持つことをあえて述べ，かつそれを与えるのである．それは，もちろん，必要とあれば調子の和げられた，最初の定義であろう．この定義をもって，§42 の重大な非難を招くことなく，丸い物体の体積が評価されるだろう．

　この評価は次のように提示されるだろう：

　われわれは境界が平面部分と柱面状部分とからなる立体に体積を付与した (§46)，ただし柱の直角横断面 (の境界) が，そのおのおのが面積の和が望む限り小さい，いくつかの正方形の全体で覆えるような平面曲線の族に属するという条件のもとで．われわれは，これらの平面曲線の助けによって，そのおのおのが体積の和が望む限り小さいいくつかの多面体の全体で覆えるような，曲面の新しい二つの族を生成しよう；そのような面およびすでに述べた面によって限られる立体に，われわれの定義は体積を付与することを許すのである．

　Γ を指示した性格の曲線としよう；それは総面積が ε より小なる，すなわち $\sum(C_i$ の面積$)<\varepsilon$ であるような正方形 C_i の合併で覆われる．頂点が S，準線が Γ なる錐面の上に，Γ と点 S によって限られる錐面の部分を考えよう；H を S から Γ の平面までの距離としよう．この面分は，S を頂点とし C_i を底とするいくつかの角錐の全体で覆われる．それらの体積の和は

$$\frac{H}{3}\sum(C_i \text{ の面積})<\frac{\varepsilon H}{3}$$

である，よって**考える錐面は望んだ性質を持つ**．

　Γ をその平面上にあって Γ をよぎらない一つの軸のまわりに回転させよう；この軸はどの C_i もよぎらず，かつ C_i はこの軸に平行な辺を持つと仮定してさしつかえない；そのとき h_i を C_i の辺，R_i を C_i の中心から軸までの距離としよう．C_i は底が円環である柱状の立体を生成する，これらの立体の体積の和は，R をすべての R_i より大きくとれば，

$$\sum h_i\pi\left[\left(R_i+\frac{h_i}{2}\right)^2-\left(R_i-\frac{h_i}{2}\right)^2\right]$$
$$=2\pi\sum R_i h_i^2$$
$$=2\pi\sum[R_i(C_i \text{ の面積})]<2\pi R\varepsilon$$

である．よって**生成された回転体は体積を持つ**ことが結論される．これより古典的ないろいろな体積が導かれるだろう．もちろんその陳述が空間曲面の面積の概念に訴えることのないように，それらに普通与えられている形は修正すべきだろう；この概念はまだ解明されていないからである．だがこれはなされねばならない唯一の修正で，上の証明は普通の説明法には完全に欠けている価値を獲得するであろう．

54　面積や体積を定義する数とその数値計算について　この章では，これまでは技法だけしか問題にされなかった；いろいろな注意や議論については，私は面積に関する章の対応する諸節を参照できたのである．だが，平面求積に対しても立体求積に対しても，申立てて，論じなければならない一つの異議がある．**いろいろな数を定義しそれらを求めることだけが問題であるからには，計算にもっと大きな場所を与えるべきではなかろうか？**

第 I 章で私は整数は数えるという物理学的諸経験の報告に使われるために発明された資料的記号にほかならず，これらの記号を思いきって見せたり書いたりしないのは幼稚なことだと述べた．第 II 章で私は任意の数はそれらもまた，物理学的諸経験の報告に使われる運命を持った記号にほかならないと述べた．確かに幾何学的に様式化されているが，その操作は様式化されなかった，様式化されたのはただそれが適用される対象だけであると言えば言える具合に：測定すべき壁の上に木のメートル尺を置くのでなくて，測定すべき線分上に単位線分を置いたのである．想像されるが実行されない諸計算を代数的に書きとめるだけに制限しないで，これらの数を書いたりそれらで計算したりすることを恐れるには及ばないと私は述べた．

それから，第 III 章と第 IV 章で私は面積および体積は同じ数，同じ記号にすぎないが，別な操作，すなわち平面求積および立体求積という操作の報告と

して用いられるものであると言った．なぜ私はこれらの章で，実際に数を書いたり計算したりしないで，こうもたびたび数について**推論**したのであるか．そうすることによって，私は自分自身と矛盾したことにならないか？ なぜ私は前に話したことのある数 n_i および N_i を計算しなかったのか？

理論的にはただ一つの計算が多角形の面積の全理論を与えるに十分であろう：面積の定義に使われる正方形網目 T に関して全く任意の位置にある三角形の面積の計算がそれであり，またただ一つの計算，つまり任意の四面体の体積の計算が多面体の体積の全理論を与えるであろう．事実，三角形の面積が存在することから，面積を持つ面分を限るのに線分を用いうること，したがってすべての多角形が面積を持つこと，が帰結されるだろう；この命題はわれわれの§26の主題であった．§27におけると同様にして，このことから，いくつかの多角形の合併によって作られる多角形が面積として成分多角形の面積の和を持つことが導かれるだろう．次に，二つの合同な多角形が同じ面積を持つことが証明された§29は，任意の位置にある三角形に対して計算される面積がその位置に無関係であることの確証で置き換えられるだろう

この最後の点については簡単化は著しいだろうが；他の二つの点についてはそんな簡単化はなにも得られないだろう．なぜなら，前にやったように，ある種の長方形の面積の計算に基礎をおいても，あるいは三角形の面積の計算に基礎をおいても，生徒たちには同じ諸説明を与えねばならないだろうから．そのうえ，面積の評価はいろいろ違ったやり方で得られるだろう．だが，われわれが用いた古典的諸手続きは全く簡単なものであるが，数 n_i と N_i の実際計算は，数学的には可能と仮定されても，教育上は全く不可能であろう．それを調べよう．

§25において，私は網目 T の正方形の辺に平行な辺を持つ長方形の面積の計算を，次のように言うことによって，もっと数的にもっと第Ⅰ章と第Ⅱ章で推賞した手続きに沿うように，提示することもできたであろう．上に述べたように置かれ，二つの対頂点の座標が $(\sqrt{2}, \sqrt{3}), (\sqrt{5}, \sqrt{7})$，すなわち，$(1.41\cdots, 1.73\cdots), (2.23\cdots, 2.64\cdots)$ なる長方形について数 n_i と N_i の値を求

めよう．n_1 に寄与する正方形 U_1 は，その点の横座標が 1.5 と 2.2 の間に，縦座標が 1.8 と 2.6 の間にあるもので，そのような正方形は $7×8=n_1$ 個ある．同様に，N_1 に寄与する正方形は，その点の横座標が 1.4 と 2.3 の間に，縦座標が 1.7 と 2.7 の間にあるもので，$N_1=9×10$ である．

このように略述された提示法の方が，非常に若い生徒たちには，おそらく §25 のそれより適当であろう．だがそのような生徒たちには，面積論の理論的に完全な説明は問題にならないだろう，これが，私が §25 の説明を選んだ理由であって，そのおかげで §44 において，より数的な提示であったならある直方体についてしか語れなかったであろうのに，柱の体積について話すことができたのである．

事実，問題がもはや網目 T に関してよい位置に置かれた特殊な長方形あるいは直方体の簡単な場合でなくなると，とたんに，n_i と N_i の計算は，大学生に向かって話してさえも，少なくとも実際的には不可能である．いま，その二頂点はすでにいった二点であり，第三頂点が点 $(\sqrt{6}, \sqrt{8})$ にあるところの，三角形に対して，n_i と N_i を計算しようとしているとしよう．たとえば，この三角形の周囲が正方形 U_i の辺を含む直線と交わる点の横座標を計算し，これらの数のすべての数字を考慮することが必要であろう！ 面積の定義の中に，n_i と N_i の正確な値でなく，単にそれらの十分近い値を代入すればよいことは全く明らかなことである．それにまた，これらの近似値を作る過程において §25 で考察した特殊な長方形の面積が参加するだろうということ，上に述べた横座標を計算するのに，任意の三角形を ωx に平行な一直線によって二つに分割することが必要だろうということ，つまり，以上に用いられたものに同値な諸推論に結局導かれるであろうということも，明らかである．

55 n_i, N_i について計算するのでなく推論することの必要性 n_i と N_i について，それらを計算はしないで推論をする必要があるという事実は，一つの重要な注意に結びつけられるであろう．形而上学を数学的考察から引き離そうというわれわれの心使いであったにもかかわらず，われわれは具体的なもの

だけを考察することには成功しなかったのである．私は上に，幾何学的測定の操作は様式化された対象に適用される物理学的操作にほかならないと述べた．このことは用いられた手続きについては真であるが，それの使用においては，物理学的立場と幾何学的立場の間に，本質的な相違がある．後者はその操作の無限回の反復を必要とするのである．幾何学的測定は物理学的に始まるが，それは形而上学的にしか達成されないのである！

　この困難を避けようとしても無駄であろう，それは点の概念に原因する．人類がこの概念に到達したのはただ極限への移行，したがって無限の反復を含む心の操作によるものである．すべての幾何学的測定はこの同じ反復を用いることを運命づけられているのである．これを免かれるためには，点について語ることを，したがって一般の数について語ることを断念することが必要であろう；たとえば，クラインが何度か言及したが，誰も組み立てたことのないあの三桁数の算術を使うことが必要であろう：その算術たるやその三桁数は暗示された諸数の近似値を書くには役立たないだろうが，それにおいては**本当に**三桁数しか存在しないのだ．

　このような算術は存在しないのだから，それなしですまさなければならない．それに，ますます精密な物理学的測定を表示する用意ができているために，われわれは四桁数の算術，五桁数の算術，等々も必要になるであろう；人類が到達した手続き，無限個の数字の数を使用する手続きは，最も自然なもので同時に最も簡単なものであると思われる．しかしこれの帰結は，幾何学的測定においてわれわれに興味があるのは，われわれの目標は，それは測定の第一または第二段階で得られる数ではなくて，心のある操作によってのみ達成されるところの数だということである．よって n_i と N_i はそれ自体はわれわれにとって何ら重要なものではなく，ただわれわれの目標を達成するために使われる道具にすぎないのである．もしもっと扱いやすい他のものが現われたならば，その別なものを採用するのが妥当である．それらを計算せねばならないと思わなかったのは正しかったのだ．測定数が，一般にはわれわれに数 n_i と N_i を与えないとはいえ，われわれの操作の完全な報告であると言ったのは正しかっ

たのだ．n_i と N_i は暫定的な値を持つにすぎない．面分と網目 T との相対的位置を違えてもう一度測定を始めるならば，他の数 n_i と N_i が得られるであろう．同様に，一つの物理定数について同一の値に達する二人の実験者は，その操作の過程において同一の実験数を書きとめたとは限らないわけである．

56 計算か推論か 私は，前に言ったことを明確にしあらゆる誤解を避けるために，「人はもっと計算を用いるべきでないか？」という問いが持ちうる意味の一つについて，長々と強調したばかりであるが，それはともすると人が好んでそれに与えるであろう次の意味ではない．三角形の面積や四面体の体積を，その面積あるいは体積が整数の平方あるいは立方の和を与える公式から生ずるような，必ずしも U_i からできていない近い面分なり立体なりを考察することによって，求めるのは適当であるか？ この方法はよく知られているし，ある教師たちによって教室において使われている．それは三角形に対しては，事を複雑にするだけだが，四面体に対しては，二つの四面体の比較を不要にする長所を有し，ただ一つの四面体によって推論することを許すと言えるだろう．だがそれは推論の中でのすべての微妙な部分，私は言いたいのだが，近い面分なり立体なりの構成と極限への移行について，生徒たちを困惑させるものをなんら免除しない．この方法は，通例の説明法より，本書に指示された完全な説明法にずっとよく一致するであろう．そして完全な説明がされれば，四面体の体積を総和法によって得ることに何の不都合もないであろう．

　もしも比較的若い生徒たちに予定されるコースに関することであったら，私はこんなことは言わないのだが．計算すること，それは行動することである．したがって子供たちは推論よりも計算を好む．彼らはすべてのゲームの規則と同じように計算の規則に喜んで従う．数学者にとっては，計算することは，それは推論することである．それは下に横たわる幾何学的諸事実をより深く解析することである．若い生徒たちにとっては，計算すること，それは推論の労を自分の代わりに記号に委ねることである，それは記号だけを見るためにすべての幾何学的事実を忘れることである．一つの問題，たとえば四面体の体積の問

題の中に，計算も推論も共に含まれているときは，生徒たちは黒板に二，三の必要な等式を書いたとき，完全に答えられたと思って疑わない；彼の意見では，推論をわけのわからない言葉で取り替えたことは，ほとんど重要でないのである．

　もし，私が信じているように，中等教育段階の数学教育の目的が心の啓発であって，技法や数学知識の修得でないのならば，計算はその中で大きな役割を演ずべきではない．もっと高い段階の教育において，それが幾何学的，力学的，あるいは物理学的事実をもとに直接推論すべく訓練されて，その結果，今後は何物もこれらの事実を彼らに隠すことができなくなっているような若者たちのために予定されているときには，計算はそれの優勢な場所を占めるであろう．

57　積分法による説明法の教育学的批判　　これらの諸注意は，もしも私が真の重要さを持たない次の問題にのみ関心を抱いていたならば，ほとんど納得されないであろう：四面体の体積の計算にはこのやり方か，それともあのやり方かどちらがよいか？　と．しかし，近頃，フランスの初等教育視学長官が次のような提案をした：面積と体積は積分学の公式を使って計算するのが適当ではなかろうか？

　私は思うに，彼の考えは次のとおりであろう．長方形の面積，立方体の体積は普通のやり方で求められるだろう．この面積と体積は，根元的概念として，あるいは部屋にタイルを張ったり，煉瓦壁を作ったりするなどの暗示によって，十分明白にされる概念であると考えて．次に，すでにフランスの大学入学資格要目にあることだが，$[a<X, f(x)$ は連続で正のとき$]$ x 軸，縦線 a と X，および曲線 $y=f(x)$ の弧とで限られる面積は，$f(X)$ がその導関数であるような X の関数であるということが証明されるだろう．体積に対しても類比な性質が証明されるだろう．ただしこの場合は $f(x)$ は横座標 x の平面によって作られる横断面の面積となる．そしてこれらの定理は三角形や円の面積に，また角錐，円柱，円錐および球の体積に，適用されるであろう．

このやり方が，§18 の主義に照らして，数学課程の教育的価値を減少することなく，最も直接的な有用性の方向に進むかどうかを調べよう．で，まず第一に，中等教育段階の教育を受けている十五歳から十六歳までの子供のうち，どれだけが後になって面積や体積を計算することを必要とするであろうか？　彼らが皆その生涯において何度か，壁に壁紙が幾巻き要るか，あるいは床にじゅたんが幾平方メートル要るか，概算せねばならない時があるかもしれない，ということは認めることができる．しかし，長方形と立方体，どちらも初等教育段階からずっと学ばれているもの以外のものを必要とする者は，百人に一人とはいないだろう．また彼の前に確立されている平面求積あるいは立体求積の公式を用いないで，それらの公式を確立する必要のある者は，千人に一人とはいないだろう．

　よって，直接の有用性は次のことに帰する．中等教育段階から積分法を使うことを始める理由は，少数だが重要な少数を構成する生徒が，以後の勉学においてこの方法を使いなれる必要があるということだ．

58　続き　　しかし面積と体積の研究には，考慮されなければならないもっと高い有用性がある．それは人類が，実用の目的でいかに幾何学を建設するようになったかを理解させるし，また彼らの努力を正当化するのである．それはいかに通俗的な概念が，近接した諸概念から区別されて純化されたか，いかにそれが，それを特徴づけるものを浮彫りにすることによって，明確にされたか，そしていかにそれが結局論理的用語で表わされるように，言いかえれば一つの数学的概念に作られるようになったかを示すのである．疑いもなく，われわれはこの教材を与えるとき自分ではこのことに思いを致すことはない．しかしながらもしそれの実用的有用性によって正当化されないならば，もし単なる慣習によって保持されるのでなければ，それが必要とされるのは，この文化的関心のためでしかありえない．そして，その勉学は必要である．なぜならそれなしでは，数学のあの二つの中軸，点と数，の間に何の関係も確立されないだろう．数の，すなわち長さの測度の定義のほかに，われわれは数が使用される

IV 体　積　87

諸問題に数がもたらすところの非常な正確さを感得させるために，他のいろいろな測度を取扱わねばならない．数のみが物理学者に信頼と確実性を与えるのである．と同時に，数のこの力がそれの持つ神秘的な徳ではなくて，数に数たる正確さを与えるために研究概念の上になされた解析の努力からもっぱら生ずるものであることを感得させたい．問題を正確にするには定義されていないあるいは定義不十分な数について何かごまかしごとを言えば十分だと思わせてはならない．数は達せられた進歩をある意味で確認するために，最後に現われるのである．

　また疑いもなく，われわれの生徒たちは，それぞれ，めいめいの知的水準に応じて，これらの陶冶の機会を非常に不揃いに利用し，誰も面積や体積の勉学から収めたいろいろな利益について論ずる用意はないであろう．しかし，この勉学によって，そこでやられたのを見たのと類比な努力を，別な事情のもとでやってみたくなる者が出てくることは，大したこと，より良いことではないか；しかもそういう努力のできる生徒たちがいるのである．こう言ったからといって驚くことはない．これまで性質 $\alpha, \beta, \gamma, \delta$ について話されたことのない，普通教育を受けた「数学」学級の中位の生徒を考えよう．彼に，たとえば §31 ないし §35 の手続きで，これらの性質が面積を特徴づけることを示そう．その生徒は，彼には初耳な，それらの証明に興味を持つだろう．が彼は，証明さるべき事実はすでによく知っている，とあなたに言うであろう．こう言うのは，もちろん間違っているだろうが，彼の答は少なくとも彼が無意識の確実性を獲得したことを証する．それゆえ彼が，その必要が起ったとき，類比な確実性をかち得ようと努めることは何も驚くべきことではない．

　普通の説明法は，性質 $\alpha, \beta, \gamma, \delta$ が実際に述べてあってもなくても，きわめて直接にこれらの性質に基礎を置いているから，少なくとも，無意識に心に銘記される．この大きな利点が，積分に基づく説明法では，完全に消滅するであろう，と私は恐れる．それは，普通の説明法が，後者に比べ概念の起源についてより多く語るということでない，床のタイル張りや煉瓦塀の建設についての数言は大したことでない，それは，最も基本的な形のもとで諸概念を使わせ

ることがずっと多いことである．人が $\alpha, \beta, \gamma, \delta$ に精通するようになるのは，三角形や四面体を移したり，立体を互いに合同なあるいは同値な部分に分割したりすることによる．ところが，積分による説明法では，これはすべて消滅するであろう．残るところは，長方形を正方形で，直方体を立方体で埋めることだけであろう．これではあの特徴的性質の重要さの概念を真に把握させることはほとんどないであろう．

59 抽象的関数概念の困難性 このうえに，すでに言ったように，生徒のすべての注意力が計算によって独占されて，推理力が損なわれるようになるだろうことを付け加えよう．

これを今から次のように確かめることができる．もう一度，面積と体積の普通の説明法をよく修得した中位の生徒をとり，ある領域の面積の導関数に関する古典的定理[1]の，以前に与えられたことのある証明をまたやらしてみよう．その結果はぞっとするものであろう．

何か不思議だろうか？ 積分と導関数の概念の中に，それは古代の最も早くから面積と接線という形で知られていたものだが，二つの逆な概念を見るには，数世紀を要した．そして，数学的天分を全く有しない，「数学」学級の最も劣った生徒が，彼の面前で述べられる言葉だけでもって，一挙に，これを完全に理解してくれて，この事実を建築物の唯一の基礎にすることができる，と期待しようとする．これは全く教育についての過信であって，私は視学長官ともあろう人がそういう錯覚を抱いたことに驚くのである．

ここは，われわれの祖先たちの途上に存在したと思われる困難を解析しようと試みる場所ではないが，それでもなお次のことを注意しよう．それはわれわれの若い生徒たちは，少なくとも一つの点において，全く十七世紀の人々の知的状位にあるということである．彼らにとっては，関数の概念は式の概念とごっちゃになっている．いやむしろ，われわれの生徒たちにとって関数に二つの

---

[1] この定理の完全な陳述はもちろんかなり長いものである．しかしこのことはフランスの公式の課程表中によく見出される句「横座標の関数と考えられた曲線の面積の導関数」の十分な弁解にはならない．

タイプがあるわけである．本物で，練習問題の中に現われるもの〔たとえば，ax^2+bx+c, $(3x-2)/(7-6x)$ 等で，式を持つもの〕と，課程の議論の中で用いられるもの〔$f(x)$ のような，遍在的記法，応用の際には，たとえば $3\cos x-2$ となって，明確な意味を持つもの〕とである．後者は，それにある現実性を，以前によく言われたことのあるいわゆる機械的現実性を与えるため，**それらをグラフに描く**くらいに非実在性のものである．そしてこのグラフ表示は教育的に非常に必要なものと考えられ，そのため式でない関数について語らざるをえないところの，力学の授業においては，人々は十九世紀の後半に，空間曲線，速度曲線，加速度曲線など，いろいろなグラフをふやす習慣を獲得し，それらの一つから他へ移るためのいろいろな物質的手段を主張した．

いかにも結構，ある種の面積の導関数に関する推論において，われわれの生徒たちを最も悩ますのは，それにおいて一つの曲線に具体化された，悪い関数 $f(x)$ を考えること，そして何物によっても具体化されず，彼らにとって全く非存在的な，もっと悪い関数[1]について面積を計算しだすことである．生徒にとっては，これは高度の抽象的推論を含むものである；われわれの目には，逆に，これ以上具体的なものはないのだが．わからせるために，われわれは図形や不等式を用いるが，事実それは見たり，計算したり，推論したりすることをすべて同時になしうる者に対して有効なのである．しかし，多くの人にはこの三拍子揃った注意はできないことなので，そういう人たちには，面積や体積の理論の基礎にしたいと思われる性質は，不明瞭でもうろうとしたままである．

60　体積の積分法による推論の困難性　　終りに，立体求積の諸問題に積分法の応用を許す推論の持つ困難性，それについて教科書のある著者たちがあまりに軽く扱っているように思われることを指摘することは，多分無駄であるまい．

面分を限っている直線を横座標 x から $x+h$ まで動かすとき生ずる面積の増分の計算を簡単にするため，境界の曲線を定義する関数 $f(x)$ は x から x

---

[1] 前の脚注に引用された句は，欠けている明白さを確かに与えない．

$+h$ へつねに増加あるいはつねに減少するとの仮定がよくなされる．この制限は何も妨げにならない．というのはそれはすべての実際的な場合に満足されるし，なにより，生徒たち自身十分小さな h に対しそれが満足されると思うからである．さらに，連続関数 $f(x)$ に関し何の制限的仮定をしなくても，その議論がより複雑になることはほとんどないのである．

しかし，立体求積のことが問題であると仮定しよう．一つの立体があり，yoz に平行な平面によるそれの横断面は平面の横座標 x の連続関数である面積 $A(x)$ を持つとする．この立体の横座標が x および $x+h$ なる二平面間の部分の体積を求めたい．この部分は，高さが h で，直角横断面が，yoz に平行で横座標が x と $x+h$ の間にある平面による立体の横断面の yoz 上への射影の合併である，柱の中に含まれる．この部分は，直角横断面がいま述べた射影の共通部分である類比な柱を含む．これら二つの直角横断面がどちらも面積を持ち，h がゼロにいくとき $A(x)$ に向かうことを証明しなければならない．ところが，このことは決して明白なことではなく，立体とは何かをもっと明確にしたとき初めて証明できることである．この明確さが達成されたとして，その推論は，この章の初めに展開された説明がすでになされたと仮定してさえも，即座にとはいかない．換言すれば，簡単で迅速ということを狙った説明のやり方では，一般性を犠牲にするときのみ厳密であることが試みうるのである．よって，私がつねになしたく思ってきたことに反して，もし厳密であることを望むなら，ある制限を導入しなければならない．最も自然な制限は，yoz に平行な二つの横断面のうち，射影したとき一方はつねに他方を含むことを仮定することにある．だが体積の簡単な諸性質の存在を疑う余地のないものにするためのこの種の制限の必要性が，この体積の存在そのものを問題にすることを認めぬものがあろうか？

61 整数の平方の和と立方の和の計算に対する注意 私は，私の主題から少々はずれる諸注意を，この最後の節まで延ばしてきた．それは，整数の平方または立方の和を用いての三角形の面積または四面体の体積の計算に対し，そ

れらは生徒たちが暗記によって学び彼らに何も教えることのない技巧によってのみ得られるという，時折唱えられる異議に答えようとするものである．

これは確かに真であるが，異議はもっぱら普通に使用される説明法に関係がある．それはもう少し歴史的事実に接近することによって避けられるであろう．

十七世紀に数学者たちは，特に面積と体積の計算のために，添数の関数として与えられた項 $u_1, u_2, \cdots$ の和の値を求めた．そしてこれは微分積分法の発明を準備しそれを可能ならしめた．彼らの用いた手続きは非常にさまざまな外観を持つが，後になって，それらはみな次の注意から進むものであることがわかった．計算すべき和は

$$s_1 = u_1, \quad s_2 = u_1 + u_2, \cdots, s_p = u_1 + u_2 + \cdots + u_p, \cdots \tag{1}$$

である．

よって，1 より大なる p のすべての値に対して，$s_p - s_{p-1} = u_p$ である．いま，1 より大なるすべての p について

$$\sigma_p - \sigma_{p-1} = u_p \tag{2}$$

であるような p の関数 σ_p が見出せたと仮定しよう，どんな手段によってかは重要でない．そうすると，

$$s_n = u_1 + (\sigma_2 - \sigma_1) + (\sigma_3 - \sigma_2) + \cdots + (\sigma_n - \sigma_{n-1}) = \sigma_n - \sigma_1 + u_1$$

である．したがって和 (1) の計算は，等式 (2) を満たす一つの σ_p を見出すことに帰着する．

これを明確にしよう．われわれが望むのは，u_p が与えられたとき (2) を満たすところの，p を含んだ代数または三角の**式** σ_p である．よって，われわれは，しかじかの仕事のための道具を持っているかどうかを尋ねられる職人と同じ立場にある．彼は適当なものがあるかどうかを調べるために，道具箱の道具に目を通す．そしてもし彼が自分の道具のおのおのがなしうる事柄をよく知っているならば，すなわち，自分の道具セットが与えうる可能性の明細目録を作っているならば，この点検は彼にとって容易で迅速である．

この職人と同じにやろう，そして (2) の中の σ_p の代りに入れたとき，扱い

方を知っている p のいろいろな式が提供してくれる u_p が，どんなものであるかを考えてみよう．かくしてわれわれは実行しうる総和計算の明細目録を作ったことになるだろう．

強調したり指図したりすることは無用なことだが，p の多項式 σ_p から出発すると，多項式である u_p が得られる（これから，特に，三角形の面積あるいは四面体の体積に必要な総和が得られる）．Aa^p なる形の σ_p から出発すると，等比数列に到達する．$\sigma_p = A\cos(px+h)$ から出発すると，三角式の総和に到達する．

その説明法のこのわずかな変形が，その射程をすっかり変えるように私には思われる．まず，その中の計算は，良識なり，推理なりを用立てるものとして，それらによって導かれるものとして，不可思議な力のおかげでその代わりをしたりそれらの代理をしたりするものとしてでなく，現われる．次に，この説明法は，十七世紀の人々が不定積分の諸計算法ならびに積分と微分の間の関係を理解しかつ発見すべく工夫したのと同じように，u を与えての s の計算と σ を与えての u の計算のそれぞれの極限操作を理解すべく，われわれの生徒たちを導くであろう．

V 曲線の長さと曲面の面積

62 前置きと教育学的注意 初等幾何学の著作では，円に内接または外接する多角形の周の長さの極限の評価や，回転体の柱あるいは錐に内接する角柱または角錐の表面積，ならびに球に近いところの立体の表面積の極限の評価に限られている．一般的定義というものは全然与えられていない．だからたとえば，球，円柱または円錐の諸部分から構成される最も簡単な曲面の面積の評価について，それらが正に諸概説書において考察の対象とはされず，かつそれらに対し，定義の協定のようなものが，明示的にかあるいは暗黙のうちに，なされている以上，§42 および §53 の異議が唱えられるであろう．

よって，それらはすべて，ほとんどないも同然である．それがいまなお残っているのは，曲線の長さや曲面の面積の概念が最も古い概念に属し，長さと面積の評価が数学者によって熱心に研究され，微分積分法発見の道を作ったからである．

よって，これらの概念の実用的重要性と，それらが科学の発達の中で演じてきた歴史的役割からいって，この章は省くわけにいかないが，しかしそれは書き改められねばならないもので，以前の諸章のように単に改善さるべきものではない．あそこでは内容は伝統によって固定されていて，われわれは証明と提示の仕方を考慮すればよかった．今は章の内容そのものが，決定されねばならない．ところでこの内容は必然的に，課程ならびに試験計画の中で数学に付与される重要度に依存する．よってここで普通教育のための一章を書くことを取り上げることはできない．だが長さおよび面積という主題について述べようとすることは，中等教育のみならず高等教育に対してもすべてを決定することになるという理由で，それらのことをここで論ずることは可能である．事実，上級レベルの多くの課程において，長さおよび面積に関し，直角座標または極座

標についての単一および二重の積分が計算されるが，しかし定義の諸問題，それはすべて幾何学的な事柄だが，それらは，ともするといいかげんに取扱われる．

フランスでは，ある教授は，ただ次のように述べるだけで満足している．直角座標で $x(t), y(t), z(t)$ によって与えられた曲線に対し，関係

$$s'^2 = x'^2 + y'^2 + z'^2$$

によって定義される関数 $s(t)$ は，長さと呼ばれる，そら，トリックが行なわれている！

よって，私は，普通教育において述べることができそうな事柄と，もっと年長の生徒たちに取って置かねばならないような事柄とを限定することに頭をわずらわすことなく，この問題を検討することにしよう．さらにまた，諸概念をはっきりさせるだけにとどめよう．

63 歴史的要約．幾何学的概念のコーシーによる代数化 まず，短い歴史的要約が，避けるべき諸困難について知らせ，かつある用心の必要性をわからせてくれるであろう．

古代の人々にとっては，長さ，面積，および体積の諸概念は，論理的定義なしに，それ自身で明白な根元的概念であった．評価のために彼らが用いた諸公理は，ほとんどすべて陰伏的で，彼らの目には，これらの概念の定義ではなかった．彼らにとって線，面，あるいは立体が空間において占める広場は常に関心事であった．困難は，その広場を測ること，それに数を付与することが問題になった時にのみ始まった，がこの困難はもっぱら通約不能なものの存在である．このことから，数に対するいや気，できるだけ数の使用を引き延ばすためになされる努力，すでにたとえば §14 と §20 において示唆したような，使われた提示の奇妙なトリック，が生まれた．

コーシーはこれらの概念の論理的定義を与えた最初の人であった．彼は偶然に，そしていわば望むことなしに，そうすることになった．

われわれがいかにして平面領域の面積および立体の体積の諸概念を，それら

から形而上学的意味をはぎ取りながら，それらを数として考え，しかも，以前は面積と体積の測度を近似的に提供するもの，と考えられてきた操作そのものの無限回の反復により，これらの数を作り上げながら，かつては明示的に述べられなかったが，それの明示的な陳述あるいは証明が求める論理的定義を提供したところの公理，公準のおかげで，明白にできたかは前の二章で見たところである．コーシーが類比な手続きにより連続関数の定積分を構成し，またこのようにして原始関数の存在を証明したことは周知である．

そうすることによって，コーシーは単に平面領域の面積と立体の体積とを論理的に定義したばかりでなく，また $\int \sqrt{x'^2+y'^2+z'^2}dt$ および $\iint \sqrt{1+p^2+q^2}\,dxdy$ の論理的定義を与えたので，ついさっき §62 で言及した長さの定義法をはじめて導入し，また曲面積の類比な定義を示唆したわけである．

論理的観点からは，問題は完全に処理された；これまでに達成されたことを十分心に留めておこう．

しばしばデカルトが——デカルトの名に少なくともフェルマーの名を加えるのが適当であるが——幾何学を代数学に引き直したと言われている．しかしながらこのことは，長さ，面積，体積などの幾何学的諸概念に訴える必要がある限りでは，真でなかった．幾何学的概念を計算の操作に結びつけることが行われたのは，やっとコーシー以後のことである．そのとき幾何学は本当に代数学に引き直された，換言すれば，一般な数が長さの測定から生ずるから（第 II 章），**平面および空間の幾何学は直線の幾何学に引き直されたのである**．

幾何学の**算術化**と呼ばれるものに到達するには，直線上で行われる測定なり操作なりについて話すことなく，ただもう整数から出発して一般の数を定義するばかりだった，そしてそれは切断の使用を許すところのもの，すなわち定義すべき数の近似的評価を可能ならしめる操作そのものを定義として採用するにある，あのコーシーの手続きを，今一度用いることで得られるところのものである．なぜならば，すでに述べたように，一つの切断の与件は，長さの測定結果の抽象的言葉による説明以外の何ものでもないからである．

64 内接多角形および内接多面体の面積の極限について．シュワルツの逆説

よってわれわれは，ようやく，コーシーが初めて用いたこの種の**転回**をたえず用いるところの，説明法の最も抽象的な最も純粋に論理的な形に到達した．だがしかしなお，いかなる関係が曲線，曲面，あるいは立体を，それぞれ，長さ，面積，あるいは体積に結びつけるかを理解したく思う大数学者も，なぜ物理学的な長さ，面積，および体積を，他のものではなくしかじかの積分に見直す必要があるかを知りたく思う大物理学者も満足していない．さらに研究が必要だったのだ．

曲線と曲面に関する最初の諸結果は，すべて，曲線は無限個の辺を持つ多角形状の線であり，曲面は無限個の面を持つ多面体状の図形であるという見解の結論として得られた．曲線を近似する多角形状の線として最初に思いつかれたのは，内接折線と外接折線である．ペアノによれば，アルキメデスによって認められた諸公準は次の定義と同値である．凸な平面曲線の弧の長さは，内接多角形状線の長さの上限と外接多角形状線の下限との共通値である．よってアルキメデスは直線と点を同じ具合に用いた．それらは古代人の幾何学では同様に根元的な要素であった．彼は曲線をそれが持つ二つの双対的様相のもとで，点の軌跡としてまた直線の包絡線として，考えたのである．

周知のように，直線の概念は徐々に副次的概念に変遷した；それがその自律性を幾分でも回復したのは，ようやく点の座標に似せて直線の座標が創造され双対性の考えが導入されるようになったときである．当面の問題に対しては，この変遷は曲線の概念が軌道の概念に拡大されたことで現われた：曲線は依然として点の軌跡であるが，もはや必ずしも直線の包絡線ではない；われわれは依然として内接多角形は考察できるが，外接多角形はもはや必ずしも存在しないのである．つまり，長さの研究にあたって，内接多角形状の線のみが考察されることになったし，一方それが優先的に選ばれたのは，単にそれの簡単さのためだからであって，決して他の近似多角形状の線に勝ってわれわれの注意を引かせる特別の長所を持っているわけではない，ということは忘れられた．

すべての数学者は，かくして，曲線の長さ（曲面の面積）は内接多角形状線

の長さ（内接多面体状面の面積）の，その要素をすべてゼロに向かうように変化させた時の極限であることを認めた．それでこれらの定義の研究が困難をあばき出したときには，数学者は全く当惑したのである．

曲線の場合には，この研究はとりわけ L. シーファーと C. ジョルダンによってなされた[1]；長さの定義に役立った極限は，確かに何らかの意味で，常に存在する，ただしそれは無限大になることがある：曲線の中には，たとえどんなに小さい弧でも，すべて長さを持たないもの，あるいはお望みなら，無限大の長さを持つものがある．この結果たるや，「小さい」という語の普通の使用にそぐわないという点で逆理的なものであり，またまさにその理由で，それまでごっちゃになっていた諸概念を明確にし識別することを余儀なくした．しかし，それは，分数だけが唯一の数であったピタゴラス派の数学者たちの目から見たとき，彼らにとって長さを持たない線分の類比な発見がそうであったようには，破局ではありえなかった．事実，その困難は，何か困難があるとして，単純な曲線には現われない，よってあまり勧められないがしばしば用いられるやり方に従って，長さを持たない曲線は真の曲線でないと常に言明して，それらを少なくとも一時，**数学の範囲外**に置くこと，すなわちその研究をもっと後に延期させることができた．これに反して正方形の対角線を数学の範囲外に置くことは不可能事だったのである．

曲面の場合には，もっと困惑させる結果に達した．シュワルツは，与えられた面積のすべての立体の中で体積が最大なるものの研究に関連して，曲面の面積の概念について考える機会を持っていた；彼はジェノッキへの手紙の中で，与えられた曲面に内接する多面体状面の面積がなんら極限を有しないことを示したのである．しかもこのことは，曲面がどんなに単純でも，たとえ円柱であっても，真である．シュワルツのこの例は，問題をよく考えるときはごく自然に思いつくもので，ペアノは彼自身それをほとんど同時に得たし，他の数学者たちによってもその後それは再発見され発表された．一つの円柱の側面を軸に直角な平面によって m 個の等しい部分に分割しよう．円形の横断面のおのお

---

[1] この仕事はジョルダンを有界変分関数という重要な概念に導いた．

に凸正 n 角形を内接させよう．ただし軸とこれらの多角形の頂点を通る半平面は，一つの横断面から次の横断面に移るとき，角 π/n だけ回転するように作る．それから，これらの多角形の辺を底とし，隣りの横断面の内接多角形の頂点を頂点とする二等辺三角形によって作られる内接多面体状面を考察しよう．n が増大するにしたがっていくらでも近く柱に近接する一つの面を持つことは明らかである．また，この多面体状面の面積の極限が n/m の極限に依存することも明らかである．よって面積のこの極限が存在しないようにできるし，あるいはまたそれが存在してある任意の値を持つようにすることもできる．

65 面積の古典的解析学的定義と逆説解明のためなされた諸努力 曲面の面積のあの幾何学的定義は崩れ落ちた．このことは，すべての人の意見が次の点では一致したから，破局ではなかった：面積は，少なくとも簡単な場合には，$\iint \sqrt{1+p^2+q^2}\,dxdy$ であると．われわれはここに一つの解析学的定義を持った．あとはそれに幾何学的解釈を与えることしかなかったが，そればかりか実はそういう解釈がすでに幾つかなされたのである．当時認められた定義が維持できないことを示したシュワルツの例が知られる以前に，この定義の困難点はそれを厳格に取扱おうと試みたすべての人にわかっていた；それである人人はその面積の極限の存在を証明しうるように内接多面体の族を限定することを考えたのである．かくして，曲面の面積は，その面に内接する多面体状面の面積の，その諸面がすべての寸法において限りなく小さくなるときの極限であるとするとき，ある者は**これらの諸面のなす角がゼロに向かわないように**，と言ったのであり，他の者は**これらの諸面が曲面となす角がゼロに向かうように**，と言ったのである．

ただ，これらの制限はわざとらしいのである；他の簡単な制限が他の極限を与えはしないという証明は何一つなされない；これらのすべての極限の中で，どれが面積の物理学的概念に最もよく対応するかわからないのである．それにまた，数学者は，シーファーとジョルダンによって研究された長さの定義にい

くらか匹敵するくらいの応用の広がりを持った面積の定義が欲しいのだろう．よって他にいろいろな定義が，特にペアノとエルミートによって，考え出された，だがそれらは，面積がもはや多面体の面積の極限とは見えないくらいに，原始的な形から離れたものであった！

間もなく示すように，本当は，一方において，面積の物理学的概念と解析学的表現との一致を納得させ，他方において，数学者の一般性の要求を満足させるようなすべての数学的事実が得られたのである；ただこのことは徐々にしかわからなかった．

66 長さに対する類比な逆説とそれに基づく反省　もし人々が，「内接」という語によって催眠術をかけられなかったなら，もし**内接**が単に近似を達成する手段の一つとして選ばれたものにすぎないことを忘れなかったなら，面積に対してたまたま見出された困難が曲線に対しても同様に存在することに気づいたことであろうが；ところで曲線と曲面の間のあの相違はまさしく最もショッキングなことだった．ここに私自身の回想に言及することを許していただきたい．

私が生徒だった頃，フランスでは，すでに述べたように，極限移行によって長さ，面積および体積を評価しうることが認められていた．やがて教科書の中にいろいろな疑問が現われ始めた；それはエルミートが，彼の解析学講義の中で，シュワルツの異議を知らせたことのある学生たちが，順番がきて教師になったからである．他方において，その時分，すべてがわれわれの心の中に，諸概念の批判的分析の素因を作った：実変数関数に関する諸研究や，考察がされ始めた集合に関する諸研究，また彼の多くの学生たちの中に完全な理解あるいは少なくとも言葉の精確さを求める心遣いを起させたタンヌリの教育など．それで，人々は，時には何を疑っているのかをよくわからずに，疑いを抱くことを始めた；たとえば，円を含むあるいはそれに含まれる多角形の面積の助けによって円の面積が決定されることを，極限についての一つの推論と取りまちがえたのである（§42）．だが昔，私が生徒だった頃は，教師も生徒も極限移行

によるこの推論に満足していた．

しかしながらこの推論は，私が十五歳の頃，級友の誰かが私に三角形の一辺は他の二辺の和に等しいこと，また $\pi=2$ であることを示した時，私を満足させなくなった．ABC は三角形で，D, E, F は BA, BC, CA の中点とすれば，折線 BDEFC の長さは AB+AC である．同様な手続きを三角形 DBE, FEC に繰り返せば，八個の辺から成る同じ長さの折線が得られる，等々．ところでこれらの折線は BC を極限として持つ．だから，それらの長さの極限，すなわち共通な長さ AB+AC は BC に等しい．π についての推論も同様である．

この推論を，円の長さと面積，円柱，円錐，および球の表面積と体積の値を求めるのにわれわれがさせられた推論から区別するものは，何も，全く何も，ない．この確認は私にとって教示に満ちたものであった．

そればかりでなく，逆説はどれもみなとりわけ教育的である；逆説の批判的検討と誤った推論の訂正とは，私の意見では，中等教育の学級では正規な演習であって，何度も繰り返さるべきものである．

前述の一例は，長さについて，面積について，体積について，の問題における極限移行は，正当化なしには行いえないことを示し，またそれはシュワルツの例と全く同じように，あらゆる疑いを起させるに十分である．

67 曲線の長さの一般定義の提案について　　この例にもっと注目しよう．BC に向って近づくところの，われわれの鋸歯状の折線は，測度として AB+AC を，つまり BC より大きいどんな数でも持つ．よって，一つの曲線 $\mathcal{C}$ に向って近づく多角形状線の一系列があって，これらの線の長さが極限 $\mathcal{L}$ を持つならば，これらの線の各辺に BC に行ったと同じ操作を行うことにより，その長さの極限が，$\mathcal{L}$ より大きな望みの数であるような新しい諸線が導かれる．**一つの曲線 $\mathcal{C}$ に向って近づく多角形状線の長さの諸極限は，ある数 $\mathcal{L}_0$ より大きいかあるいはそれに等しいところの任意の数である**．私が，長さとそして面積の，応用範囲の広い定義を必要としたとき，長さに対して $\mathcal{L}_0$ を，面積に対してそれに類比な数を，採用することを提案したのは，この理由からで

ある；ある意味では，私はそうせざるをえなかったのである．なぜなら $\mathcal{L}_0$ は，長さの諸極限の全体の中で，少なくとも一見したところ，他のものから目立つところの唯一の数だからである．長さの諸極限の集合を決定すれば十分であり，それはこれらの極限の調査結果の完全な報告である．

ここにこれらの一般な定義を調べる必要はない．それらは長さおよび面積の物理学的諸概念が解析学的諸定義と接合させられた後に初めて来るものであり，われわれの専念すべきはこの接合である，なぜならわれわれの目的は教育に関することだからである．

68 長さの実験的決定とその古典的解析学的定義の間の接合 物質的な曲線の長さは実験的に決定される．一数が実験的に決定されるためには，データが少し変動するとき，その数自体が少し変動することが必要である．なぜならわれわれは正確にデータを用いることはできなくて，ただ近似的なデータしか用いられないからである．よって，その数はいわばデータにより連続的な仕方で決定されることが必要である．

このことを明確ならしめよう．実験的決定は，もし幾何学的概念によって精確にされるような概念の問題ならば，いろいろな器具の備え付け，距離や角の測定，等々を含むある技術にしたがってなされる；これらの位置およびこれらの測定における小誤差は，結果にわずかな変動しか生じないことが必要であろう．そのとき幾何学的定義は，その技術を述べることで，ただしそれの用いる諸操作に幾何学の精確な絶対的な特性を与えることで，得られるであろう．もしある幾何学的定義がデータとともに連続的に変わる数を供給しないなら，それはそれが測定の実験的手続きと相容れないからである；それはおそらく，ある場合には，実用的概念の翻訳を与えるかもしれないが，そのことを証明することが必要だろう．それはよくない定義である．

長さの古典的定義をこの観点から検討しよう；それは曲線に内接する多角形を取り，その辺数を限りなく増大すること，すなわち，曲線上に個数が増大する点々を取ることを命ずるのである．さて，もしこの技術を一つの曲線または

線分 BC に適用しようと試みるなら，その曲線または BC に近いところに頂点を持つ鋸歯状の多角形状線が得られるであろう．これらの点の個数を増大させれば，犯す誤差は大きくなるであろう；この実験的技術はたしかに，多角形の頂点の個数をこれらの頂点の位置について犯しうる誤差の上限によって制限する（多分表示されないでただ伝統によって伝えられている）いろいろな明細を含んでいるのである．よって古典的定義はよろしくない，言いかえれば，その技術を真実に翻訳して理論と実際の間の一致を明白ならしめる定義ではありえない．良い定義を得るには，実験的技術をもっと検討する必要があるわけだ．

困難は，物理学者がこれまで全く，少くとも直接には，曲線の長さの精確な測定を行う必要がなかったことであり，またその技術が依然として粗いことである．精確な測定が見出されるのは測地学においてのみである，だがそこでは線分の長さが問題だ；それから，道路測量はおそらく不正確さが最小のものだ．道路を測量する測量師の仕事を調べよう．もしも彼が測鎖の二つの端を道路の二つの別な側に置いているなら，われわれは皆，彼が正しく仕事を進めていない，ということに意見が一致するであろう．なぜか？

この問に対し，われわれはきっと道路である帯状の物に対してではなくて，道路の軸である曲線に対して操作することが問題だと答えることから始めるだろう．この軸の曲線とは何か，それはどうすれば得られるのか？ もしも，例えば，二つの側への垂線の中点を取らねばならないなら，それは道路の方向が実際的に知られていることを予想しての操作であるわけだ．その技術は道路を位置および方向において実際的に知っていることに基づくであろう．測量師にとって良い操作法とは何であるかを明確にしようとすれば，どのみちこれと同じ結論に達するのである．

線分 BC を測定するのに測地学者はどういうふうに操作するか？ 彼は点 B と C をできるだけ明確にしようと努める．それから，もし BC を一点 D によって分割したいと思うならば，彼は D が BC 上にあることを BD と DC の方向が一致することで確かめる．かくして，B と C については別として，測地学者は BC を鋸歯状多角形の極限と考えることをまさしく避ける具合に，

諸方向の決定によって，点の位置を求めるのである．

　これらのことを綜合して，曲線というものは実際的にはその諸点ならびに諸接線を知ることで測定されること，またそれがその諸点が曲線の点に近く，かつその諸辺が曲線の接線に近い多角形の助けによってなされることを心に刻みこもう．曲線の測定の実用的方法は，もしも位置においても方向においても近いこれらの多角形が，近似が限りなく増すとき，一つの極限に近づく長さを持つことが示されるならば説明されるであろう．長さはそのときこの極限の値として論理的に定義されるであろう．

　ところで，この証明はすぐにできる，そのことは面積に関する類比な証明も同様で，このことからわれわれが採用しようとする長さおよび面積の定義が生ずる．よってわれわれは，曲線と曲面をそれぞれの双対的二重の様相のもとで利用したアルキメデスの最初の着想に，また近似多角形（あるいは多面体）が極限に近づかない長さ（あるいは面積）を持つことが認められるに到った以前に主張されていた定義（§65）にやっと戻った．われわれが定義する長さは，測定される曲線が位置および方向において無限に少し変動するとき，無限に少し変動する．曲線の諸点の位置，その諸接線の方向は，長さが連続的に依存するところの与件なのである．

69　曲線の長さの古典的解析学的定義の汎関数概念による意味づけ　今しがたわれわれをこれらの結論に導いた諸考察は，数学者がそれによって結論に到達したところのものではない．そればかりか，われわれを導いた考え方は慣用なものと矛盾するように見える．「定義は自由である」とすらすら繰り返されるのだが，われわれは，定義というものはいろいろな条件に服従させられること，よい定義も悪い定義もあるということを許すものである．私にはあの文章が納得できたためしがない；私にはどんな自由を指して言っているのか，またどんな意味で定義という語が用いられているのか，わからないのである．もしそれが命名の意味を持つなら，事実，誰でも自分の好む言葉を，時には理解されないという危険をおかして，採用するのは自由である．もしそれが決意の

意味を持つなら，そして誰でも自分の好むものを自分の瞑想の主題に選べるのだと単に主張するのならば，もちろんよかろう．だがおそらくは，その主題に関心を持つのは彼だけである，また科学の発達になんの役にも立たない努力をする，という科（とが）は受くべきものとして．それはそれとして，数学を一つの応用科学と考えるわれわれには，諸定義は自由ではない．少くともあるもの，実用的概念を明確にすべきところのそれは自由ではない．それらにとっては，引用格言で了解されている無矛盾の義務は，満たされるべき唯一の条件ではない．これに反しもし数学が論理学以外のものでないなら，それは唯一の条件である．

　数学者が §68 の定義に到達するのにたどった道は，われわれが経てきた道とは全く異なってる．彼らは物理学的測定と二つの古典的積分による定義との一致については，全く意に介しなかった．少なくとも単純な場合に，この一致があることは納得したものの，彼らはその理由を探ることはしないで，曲線に付与される長さの数，曲線の関数と，曲面に付与される面積の数，曲面の関数，とを研究したのである．もちろんこの新しい様式の関数，この新しい様式の従属関係に対して，連続の概念がどうなるかは調べられた．

　いま，簡単のため，平面曲線 $y=f(x)$ と，この曲線に付与される数の場合を考えると，たまたま，これらの数のあるものは，$f(x)$ が一様に少し変わると少し変わるということがある．例えば，もし x のあらゆる値に対して $|f(x)-f_1(x)|<\varepsilon$ であるならば，

$$\left|\int_a^b f(x)\,dx - \int_a^b f_1(x)\,dx\right| < \varepsilon|b-a|$$

が成り立つ；よって $\int_a^b f(x)\,dx$ はそのような数であるわけだ．
　他のものだと，例えば，

$$\int_a^b \sqrt{f^2(x)+f'^2(x)}\,dx$$

は，一方では $f(x)$ が，他方では $f'(x)$ がともに一様に少し変わるとき，少し変わる，だが第一の条件だけが満足されたのでは十分でないだろう．なお他のものでは，$f(x), f'(x), f''(x)$ が三つとも一様に少し変わることが十分であ

る．かくして数学者は汎関数と呼ばれる新しい関数に対して，零次の，一次の，二次の，等々の連続と呼ばれるさまざまな様式の連続性を区別することに導かれた．

一次の導関数のみを含むところの積分によって定義される曲線の長さ，曲面の面積は，一次の連続性を持つが零次の連続性は持たない汎関数のタイプそれ自身である．そしてこの事実は，最も重要なもので，面積の古い定義の失敗を，そしてまた曲面の接平面に対し，わずかしか傾かない諸面を持つ内接多面体による定義の成功を説明した．と同時に，それは内接多面体を考察することの無用性を示した．近い諸多面体を持てばこと足りるのだ；つまり前節の定義に導かれるのである．

またすでに認めることのできた種々の事実も納得がいく：長さは内接多角形を考察することによって定義できる，それはシーファーとジョルダンの方法である，面積は類比なふうには定義できない，それはシュワルツの異議である．事実，もし C が連続な接線を持つ曲線であるとして，もし P が C に内接する多角形で，AB が P の辺の一つならば，AB は C の弧 AB の諸点における C への諸接線と，弧 AB の諸点における接線同志がなす角の最大なものより小さい角をなす（曲線が平面曲線ならば平均値の定理から，空間曲線ならばこの定理の系から従う）．かくして P は，P の頂点の個数が C の任意の弧にわたって限りなく増大するとき，位置においてのみならず方向においても C にいくらでも近くなるのである．

これに反して，一つの曲面の任意の部分にわたって，それに内接する多面体の頂点の個数をふやすことは，曲面と多面体の間の近接を，位置においてのみ増すもので方向においてではない．しかるに，もし多面体が三角形状の諸面のものであり，そしてこれらの面のなす角がある限界以下に下らないことを要求するならば，頂点の個数を増大させることで，位置と方向との双方についての近似が保証される；このことは容易に確かめられる．かくして§65で指摘した面積の一つの定義が説明される．

また前に注意したことだが，測地学者は，BC を測定しようとして，B と

C との位置を確かにする，言いかえれば，線分 BC をそれとわずかに異なる諸線分から十分区別しようと努める，が結局のところ，彼が十分明確にしようと努めるものは，それは方向であるわけだ．事実，$f(x)$ と $f_1(x)$ とが (a, b) においてきわめてわずか異なり，同時に $f'(x)$ と $f_1'(x)$ もそうであるためには，この第二の条件が満足されたうえに $f(a)$ が $f_1(a)$ とごくわずか異なることが十分なのである．

すべてが，長さおよび面積の物理学的概念が，点の軌跡でありかつ直線の包絡線である曲線と，点の軌跡でありかつ平面の包絡面である曲面とに関するものだというこの確信をわれわれに固めさせる．これらの諸概念をよりよく理解したので，それらを説明することをもくろむことができる．

70 曲線の長さの第一の説明法 第一の説明法は，長さの測定を必要ならしめる，したがって，人間がこの物理学的概念に導かれるにいたったことを頭に描かせる，いくつかの実際的問題を指示することから始められるだろう：畑を囲むに必要な柵の長さ，階段の手すりに必要な金属の重さ，道路を修理するに必要な砂利の荷数．それにこれらの測定が実際的に行われる仕方に関するいくつかの注意が結びつけられるであろう，そして結論として，論理的定義が与えられるであろう．われわれが取扱う曲線は接点とともに連続的に変わる接線を持つ．そのような曲線に対して一つの多角形が，位置において ε 以内かつ方向において η 以内の近似であるというのは，曲線と多角形との対応する二点間の距離が ε よりも小さく，かつこれらの同相な二点における接線がたがいに η よりも小さな角をなすというふうに，曲線の点と多角形の点との間に一対一かつ連続な対応を定めうることである．ここに接線のなす角は，向きを持った接線間の角と考える；多角形の一点における接線とは，その点を通る辺のこと，もし頂点の場合には，その点に終る二辺のおのおののこととしよう．ε と η とが同時にゼロに向かうとき，曲線の近似であるこれらの多角形の長さが近づく極限を**曲線の長さ**と呼ぼう．

この定義は，その極限の存在の証明を必要とする．この証明を与える前に，

注意しときたいことは，私が今しがた用いた言葉の厳密さは，若い生徒に対する説明の場合には無用である，いや有害でさえあろうということである．そういう場合には，位置と方向において近いという多角形の概念を，語において精確にするのでなく，納得のいくように，上述の定義をやわらげるのがよく，また仮定したことを明示してやって，極限の存在を許すとよい．次にその定義を円に適用する．それには，内接正多角形（あるいは，よかったら外接正多角形，あるいはもしよかったら，両方の多角形）が位置と方向において，曲線に近いことを注意する．そして，そのような多角形の面積 A とその周囲 L との間に関係

$$A = \frac{1}{2} L \times 辺心距離$$

が成立するから，これより

$$円の面積 = (R/2) \times 円周$$

を導くとよい．

そこには，これまで習慣的になされてきたことと本質的変化は何もないが，生徒たちがもっと成熟して数学に当てるより多くの時間を持つようになった後になされるべき，より完全な研究の準備をする程度にとどめるとよかろう．

71 曲線の長さの存在 さていよいよ，極限の存在を証明しよう．ABC…L は曲線 Γ に内接する多角形 P で，曲線の一端 A から他端までいくものとしよう．Γ を弧 AB, BC, … に分割する．各部分弧 AB, BC, … の二点における Γ への二つの接線のなす最大角を η_0 としよう．角 η_0 は上の内接多角形が Γ に接近するに伴ってゼロに近づく．

Γ に近似する一つの多角形 Π を考え，$\alpha, \beta, \cdots, \lambda$ を A, B, …, L に対応するこの多角形上の点としよう．Γ の一つの部分弧，例えば CD と，Π の対応する部分 $\gamma\delta$ をとろう．$\gamma\delta$ は一つの多角形状線である．その各辺は，もし Π が位置において ε 以内，方向において η 以内の近似であるならば，弧 CD への諸接線と η より小さい角をなす．よって，この辺は弦 CD と $\eta + \eta_0$ より小さい角をなす．P と Π はともに Γ に十分近くて，$\eta + \eta_0$ は $\pi/3$ より

小であると仮定しよう．そのときは $\gamma\delta$ の諸辺の CD 上への射影はすべて同じ向きで，γ と δ の射影は，それぞれ，点 C と D から ε 以内にあるゆえ

$$\mathrm{CD}-2\varepsilon \leqq \gamma\delta \text{ の長さ} \leqq \frac{\mathrm{CD}+2\varepsilon}{\cos(\eta+\eta_0)} < \frac{\mathrm{CD}}{\cos(\eta+\eta_0)}+4\varepsilon$$

が成り立つ．これより n が P の辺数であれば，

$$P \text{ の長さ} -2n\varepsilon \leqq \Pi \text{ の長さ} < \frac{P \text{ の長さ}}{\cos(\eta+\eta_0)}+4n\varepsilon$$

が従う．

数 n, η_0 および P の長さは ε と η には依存しない，よって Π の長さは有界で，同じ ε, η に関してのそれらはすべて上に導かれた限界内にある．この二つの限界の差は

$$(P \text{ の長さ}) \cdot \left[\frac{1}{\cos(\eta+\eta_0)}-1\right]+6n\varepsilon$$

で，ε と η がゼロにいくとき，極限

$$(P \text{ の長さ}) \cdot \left[\frac{1}{\cos\eta_0}-1\right]$$

を持つ．これは P のみに依存し，この括弧の中が小さいように P をとることによって，この式の値をいくらでもゼロに近くすることができる，というのは諸多角形 P はそれ自身多角形 Π であって (§ 69)，したがって P の長さは有界だからである．

よって諸多角形 Π の長さは，ε と η が十分に小さいとき，望みの小量だけお互いに異なる；言いかえれば Π の長さの極限は存在し，かつそれは P の長さの極限でもある．

72　曲線の長さの積分表示　定義がこうして正当化された以上，それは古典的な仕方で積分法の公式に翻訳される．Γ は直角座標 $x=x(t), y=y(t), z=z(t)$ によって定義されるとし，ここに三つの関数 $x(t), y(t), z(t)$ は考える区間 $[t_0, T]$ において連続で，かつ一次導関数も連続であると仮定しよう．また，$x'(t), y'(t), z'(t)$ は同時には消えないと仮定する．そのときは，$[t_0, T]$ において

$$|x'(t)|<M, \quad |y'(t)|<M, \quad |z'(t)|<M$$

および

$$\sqrt{x'(t)^2+y'(t)^2+z'(t)^2} > l$$

が成り立つだろう，ただし l と M は適当に選ばれた二つの正の数である．

頂点が $t_0, t_1, t_2, \cdots, t_n=T$ によって与えられる多角形 P の長さは

$$l(P)=\sum_{i=0}^{n-1}\sqrt{[x(t_{i+1})-x(t_i)]^2+[y(t_{i+1})-y(t_i)]^2+[z(t_{i+1})-z(t_i)]^2}$$

であるが，これはなお

$$l(P)=\sum(t_{i+1}-t_i)\sqrt{x'(a_i)^2+y'(b_i)^2+z'(c_i)^2}$$

と書かれる，ただし a_i, b_i, c_i は区間 $[t_i, t_{i+1}]$ 内に適当に選ばれる．さて，差

$$l(P)-\sum(t_{i+1}-t_i)\sqrt{x'(t_i)^2+y'(t_i)^2+z'(t_i)^2}$$

はまた次のように書かれる：

$$\sum(t_{i+1}-t_i)\times\frac{[x'(a_i)^2-x'(t_i)^2]+[y'(b_i)^2-y'(t_i)^2]+[z'(c_i)^2-z'(t_i)^2]}{\sqrt{x'(a_i)^2+y'(b_i)^2+z'(c_i)^2}+\sqrt{x'(t_i)^2+y'(t_i)^2+z'(t_i)^2}}.$$

もし，各区間 $[t_i, t_{i+1}]$ において，$x'(t), y'(t), z'(t)$ がたかだか ε だけ変動するならば，上式の分子の括弧に包まれた諸式は，いずれも $2M\varepsilon$ より小である．分母は $2l$ より大である，よって問題の差は

$$\sum(t_{i+1}-t_i)\times\frac{6M\varepsilon}{2l}=(T-t_0)\frac{3M\varepsilon}{l}$$

によって上から押えられ，これは ε とともにゼロにいく量である．したがって $l(P)$ の極限は

$$\sum(t_{i+1}-t_i)\sqrt{x'(t_i)^2+y'(t_i)^2+z'(t_i)^2}$$

の極限，すなわち

$$\int_{t_0}^{T}\sqrt{x'(t)^2+y'(t)^2+z'(t)^2}\,dt$$

である．

73 曲面積の第一の説明法とその円柱・円錐・球への適用 よって長さの

場合に対しひき起される唯一の修正は，定義の陳述とこの定義が論理的に受容しうることの証明にある．このことは，平面領域の面積の研究で出会ったものの一般化と言えるある新たな困難が現われる曲面の面積の研究を，よりよく準備するのに十分である：面積を付与することができたのは，ただある種の平面領域に対してだけだったからである．

　一つの曲面 Γ で，その各点において接点とともに連続的に変わる接平面を持つものが与えられたとき，一つの多面体 Π が，位置と方向において，それぞれ，ε と η より小さい誤差を除けばその近似であるというのは，Γ と Π の間に一対一かつ両連続な点対応で，Γ と Π の対応する二点間の距離が ε より小であり，かつこれらの二点における接平面の間の角が η より小であるようなものが確立されることである．

　Γ の一つの部分 $\varDelta$ が与えられた場合，もしも Π を ε と η がゼロに向うように変動させるとき，Π の対応する部分の面積が一つの極限 A に近づくならば，$\varDelta$ は数 A に等しい**面積**を持つと言う．

　若い生徒たちに話す場合には，この定義の陳述は単純化され，また取扱おうとする曲面 Γ と諸面分 $\varDelta$ に対し諸多面体 Π および極限 A の存在は仮定されるだろう．それから円柱と円錐の側面，球および球帯あるいは球帯の切片への応用に移るだろう．

　円柱あるいは回転円錐に対しては，この円柱あるいは円錐に内接する正角柱あるいは正角錐が，位置と方向における近似であることを指摘すれば十分だろう．

　球面領域に対しては，例えば，円弧 AB がそれの直径 X′X のまわりに回転して生成する帯状の切片に対しては，AB を点 C, D, …, K によって m 個の等しい部分に分割し，A, C, D, …, K, B によって生成される円を考察し，それらの上に，それらが XX′ を含んで切片を n 個の等しい部分に分割する半平面と交わる点 $A_1, A_2, …, A_n, C_1, C_2, …, C_n, …, B_n$ を記すならば，考える曲面に位置と方向において近い一つの多面体 Π の諸頂点が得られる．それは面が $C_iC_{i+1}D_{i+1}D_i$ のような台形あるいは時には三角形であるところの多面体

で，それに対しては m と n が任意に限りなく増大するに伴って ε と η はゼロにいく．さて，n が十分大になれば，AC…KB の諸辺によって生成される面積の和との違いがいくらでも小さい一数が得られる；これより古典的計算が従うのである．

体積に関する章が平面でない領域の面積のそれに先行したから，次のことを述べることで，昔から用いられている一つの方法に戻ることもできる．円柱あるいは円錐においては，軸に垂直な二平面 P_1, P_2 によって，あるいは球においては，平行な二平面 P_1, P_2 によって，それぞれ切り取られる帯状切片の面積を求めるとしよう．この帯をそれの軸を含む諸平面によって n 個の合同な帯に分割しよう．かくして一つの部分帯を ABB′A′ とする．円柱あるいは円錐の場合には，AB と A′B′ は母線である合同な二線分である，これらの母線に沿って接平面を引こう．これらの平面は，P_1, P_2 を，それぞれ，点 α, β で切る一直線で交わる．小さな帯 ABB′A′ を二つの長方形あるいは台形の AB$\beta\alpha$, $\alpha\beta$B′A′ で置き替える．かくして得られる多面体は，もし円錐あるいは円柱の平行射線の助けによって，曲面と多面体の間に例の対応が確立されるならば，n が増大するに伴って，位置と方向との双方に関して曲面に限りなく近くなる．

球の場合には，新たに帯 ABB′A を P_1, P_2 に平行で AB を n 個の等しい弧に分割する諸平面によって細分する．もし CDEF がこうして得られる部分帯の一つであるならば，C, D, E, F において球への接平面を引く，それから，球の中心 O から，球をこれらの接平面上に射影する，ただし球面の点 M の射影としては考える接平面との交点のうちで O に最も近いものをとる．こうして，n が増大するに伴って，位置と方向との双方において，限りなく近くなる多面体状の面が得られる．

ところで，以上三つの場合において，もし O が円柱または円錐の軸上にとられた一点，あるいは球の中心であるならば，O をその多面体状面の諸点に結ぶ線分の点はいくつかの角錐から成る立体の点であり，この立体の体積 v は，多面体状面の面積 s および O から円柱，円錐，あるいは球の接平面ま

での距離 R と，公式

$$v=\frac{1}{3}sR$$

によって結ばれる．

　n が限りなく増大するに伴って，v は O を問題の切片の点に結ぶ線分の諸点から成る立体の体積 V に近づく，よってこの切片の面積 S は

$$V=\frac{1}{3}SR$$

によって与えられる．

74　ジラールの定理の証明への応用　　上の公式において V はわれわれが計算することをすでに学んだ数である．その計算は，体積の章で述べられたことに応じていろいろな形で与えられるだろうが，本質的にはみな同じものである．教育学的には，今しがた考察したばかりの諸立体に導かれた後にのみ V（よって球の体積）の計算を実際に行うのがいちばん良いだろう；かくして回転する三角形によって掃過される体積の計算は自然なものになるだろうし，そのうえ，しばしば「回転体積」という奇妙な言葉で呼ばれる研究はこの計算に帰着されるだろう．

　もしも教育計画のこの部分が少しばかり省略されるなら，もしもとりわけ，試験に合格すること以外何の役にも立たない諸公式の暗記が軽減されるなら，もしも，あらゆる数学者がそうであるように，球帽や球環が何であるかを知らないままでよいことが生徒たちに許されるなら，球面三角形の面積，したがって大円あるいは小円の弧によって限られる球の部分の面積を，取り上げる時間が見出されるのだろうが．

　中等学級で教えるのに必要な諸学位を授ける一連の勉学を終えた若者が，アルベール・ジラールのあのすばらしい定理について，一度も話されるのを聞かなかったらしいことを認めぬわけにいかないのは，少し悲しいことである．この定理を知らされると，彼らは常にその結果の美しさに感嘆させられ，ユークリッドの公準の完全な理解に絶対必要な一性質について，もっと早く話されな

かったことにあきれるのである．

　ここにたどるやり方は，まず体積について話すことで，アルベール・ジラールの定理の普通の提示法を，ごく少し改変したものになっている．

　一つの球の中心を通る三つの平面で同一の直径を含まないものを考えよう，これらの平面は球を八個の**球面三面角**に分割するが，それらの底は二つずつその頂点に関して対称な八個の球面三角形である．これらの三面角の体積は，頂点が O にあり底の平面が球に接する角錐から成るところの，前節で体積が v と記された立体の助けによって，求めることができる．このような立体については，$v=(1/3)sR$ であり，したがって，球面三角形の面積 S と対応する球面三面角の体積 V の間に，次の関係が成り立つ:

$$V=\frac{1}{3}SR.$$

　よって，球の中心に関して対称な二つの球面三角形は，それらに対応する二つの対称な三面角が，対称な多面体状の立体の極限で，したがって同一体積だから，同一面積を持つ．このようなわけでわれわれは球面三面角の一般に異なる四つの体積 V, V_1, V_2, V_3 と，一般に異なる四つの面積 S, S_1, S_2, S_3 を持つ．これらの三面角が二つずつで**球面二面角**を作ることに注意すれば，A, B, C を球において体積 V を切り取る三面角の三つの二面角とするとき，

$$V+V_2=\frac{4}{3}\pi R^3 \cdot \frac{B}{2\pi}, \quad V+V_3=\frac{4}{3}\pi R^3 \cdot \frac{C}{2\pi},$$

$$V_2+V_3=\frac{4}{3}\pi R^3 \cdot \frac{\pi-A}{2\pi}$$

が成り立つ，これより（ジラールの定理）

$$V=\frac{1}{3}R^3(A+B+C-\pi),$$

$$S=R^2(A+B+C-\pi)$$

が従う．

75　§73 の面積の定義の論理的正当化　さて上の定義の論理的正当化に戻ろう．以下の説明法は §71 のものとかなり異なっている；今度は面分 $\varDelta$ を

含む曲面 Γ の性質も $\varDelta$ の境界の性質も参加するのである．心すべき用心となすべき仮定は，解析学的言語において最も容易に表現される，それは積分法の課程において適当と思われる説明で，それを以下に述べよう．

曲面 Γ は直角座標で三つの関数 $x(u,v)$, $y(u,v)$, $z(u,v)$ によって与えられるとしよう．x, y, z はそれらの一次偏導関数とともに u と v の連続関数と仮定し，さらにそのパラメタ表示はどの点においても特異でないこと，すなわち

$$(x_u'y_v' - x_v'y_u')^2 + (y_u'z_v' - y_v'z_u')^2 + (z_u'x_v' - z_v'x_u')^2$$

がどの点においても消えないものとしよう．これらの条件のもとで，Γ はすべての点において接点とともに連続的に変わる接平面を持つ．

直角座標が (u, v) なる点を一つの平面面分 δ において変動させるとき得られる面分 $\varDelta$ を考えよう．ただし δ はすでに面積を付与するすべを学んだところの，すなわちその境界が任意に小さい総面積の諸多角形で覆われるような面分の族に属するものとする（§28）．(u, v) 平面を両軸に平行で等距離な直線によって正方形に分割しよう；h を隣り合う二つの平行線間の距離とする．各正方形を $u+v=0$ に平行な対角線によって分割する．abc はかくして得られる三角形とする．abc の各点 m に Γ の一点 M が対応し，これらの点は Γ 上に一つの曲線三角形 ABC をつくる．さらに m の u と v が

$$u = \frac{\alpha u_a + \beta u_b + \gamma u_c}{\alpha + \beta + \gamma}, \quad v = \frac{\alpha v_a + \beta v_b + \gamma v_c}{\alpha + \beta + \gamma}$$

によって与えられるとき，

$$x = \frac{\alpha x_A + \beta x_B + \gamma x_C}{\alpha + \beta + \gamma}, \quad y = \frac{\alpha y_A + \beta y_B + \gamma y_C}{\alpha + \beta + \gamma},$$

$$z = \frac{\alpha z_A + \beta z_B + \gamma z_C}{\alpha + \beta + \gamma}$$

によって与えられる点 M' を m に対応させよう．

この点は，m が abc を描くとき，直線三角形 ABC を描き，M と M' の間の対応が一対一かつ両連続なることは明らかである．かくして諸点 M' は，三角形から成りかつ Γ に内接する一つの多面体状面 P を描く．

$\varDelta$ には，P の上で，諸三角形 ABC およびかような三角形の部分とから成

る一つの面分 $\varDelta'$ が対応する．よって適確に言えば，$\varDelta'$ は多面体状面ではない；言葉の厳密な意味における多面体状面を持つように $\varDelta'$ に少しばかり修正を加えることは容易だろう，だが言葉の意味を拡張して，それを諸平面の諸部分から成る一つの**曲面**（すなわち一つの平面面分と連続な対応にある諸点の軌跡）と解するのがより適当であろう．

多面体状面の面積がこれらの平面的諸部分の面積の和として定義されるということができるためには，これらの諸平面の諸部分が面積を持たねばならない．この条件は $\varDelta'$ によって確かに満足される，なぜなら abc と直線三角形 ABC の間の対応は，平面 abc の各多角形で面積 $\mathcal{A}$ のものが平面 ABC 内の面積 $\mathcal{A} \times$（ABC の面積／abc の面積）なる多角形になる変換だからである；このことから，§43 におけると同じように，面積 $\mathcal{A}$ を持つ abc の任意の部分に面積を持ち面積が $\mathcal{A} \times$（ABC の面積／abc の面積）に等しい ABC の部分が対応することがただちに従う．

そこで P による $\varGamma$ の（あるいは $\varDelta'$ による $\varDelta$ の）位置と方向における近似の度合を特徴づける数 ε と η が，h とともにゼロに近づくことを示そう．

m が abc 内を動くとき，u と v はたかだか h だけ変動し，したがって，x, y, z はたかだか h とともにゼロに向かうある量 $q(h)$ だけ変動する．よって曲線三角形 ABC の一点 M から点 A までの距離と，直線三角形 ABC の一点 M′ から点 A までの距離は，たかだか $\sqrt{3}\,q(h)$ である．それで距離 MM′ は，たかだか $2\sqrt{3}\,q(h)$ で，それは h とともにゼロに向かう．

偏微分係数 $x_u', x_v', \cdots, z_v'$ のおのおのは，δ において一定数 K で押えられ，abc において $q_1(h)$ よりも小さい量だけ変動する．したがって $x_u'y_v' - x_v'y_u'$ のような三式のおのおのは，微係数を abc の一点あるいは別な点に対してとるとき，ただし点は一つの式から他の式へ異なりうるばかりでなく，各式においても一つの微係数から他の微係数へ異なりうるが，たかだか $4Kq_1(h) + 2q_1(h)^2 = q_2(h)$ だけ変動する．

$$X(y_u'z_v' - y_v'z_u') + Y(z_u'x_v' - z_v'x_u') + Z(x_u'y_v' - x_v'y_u') = \text{const.}$$

なる方程式の諸平面は互いに

$$\cos V = \frac{S(y_u'z_v' - y_v'z_u')\overline{(y_u'z_v' - y_v'z_u')}}{\sqrt{S(y_u'z_v' - y_v'z_u')^2 \times S\overline{(y_u'z_v' - y_v'z_u')^2}}}$$

なる角 V をなす，これより

$$\sin^2 V = \frac{S[(y_u'z_v' - y_v'z_u')\overline{(z_u'x_v' - z_v'x_u')} - \overline{(y_u'z_v' - y_v'z_u')}(z_u'x_v' - x_u'z_v')]^2}{S(y_u'z_v' - y_v'z_u')^2 \times S\overline{(y_u'z_v' - y_v'z_u')^2}}$$

が従う．

ところで，上式において分母は，表示が正則であるため一定数を超え，分子の括弧で包まれた三つの式のおのおのは，$4 \cdot 2K^2 \cdot q_2(h) + 2q_2(h)^2$ で押えられる，したがって V の最小上界 η は h とともにゼロに向かう．ところで上に考えた諸平面の中には，一方において曲線三角形 ABC の諸点における Γ の任意の接平面があるが，他方において平面 ABC がある．なぜなら後者の方程式は，もし ab と ac がそれぞれ軸 $v=0, u=0$ に平行で，a の座標が (u_0, v_0) であるなら，したがって b, c の座標がそれぞれ $(u_0 \pm h, v_0), (u_0, v_0 \pm h)$ であるなら，

$$0 = \begin{vmatrix} X - x(u_0, v_0) & Y - y(u_0, v_0) & Z - z(u_0, v_0) \\ x(u_0 \pm h, v_0) - x(u_0, v_0) & y(u_0 \pm h, v_0) - y(u_0, v_0) & z(u_0 \pm h, v_0) - z(u_0, v_0) \\ x(u_0, v_0 \pm h) - x(u_0, v_0) & y(u_0, v_0 \pm h) - y(u_0, v_0) & z(u_0, v_0 \pm h) - z(u_0, v_0) \end{vmatrix}$$

であり，これは，行列式の最後の二行を平均値定理によって変形すれば，上に述べた方程式の形を与えるからである．

こうして，**位置と方向において曲面に限りなく近くかつ面積を持つ多面体状面 P の存在が証明された**．

76 続き 残るところは，§73 に述べた任意の近似多面体 $\varPi$ の $\varDelta$ に対応する部分 $\mathcal{D}$ の面積が，$\varPi$ に関しての数 ε と η がゼロに向かうとき，一つの極限に近づくことの証明である．前節で得られた特別な多面体の一つをを考え，それを P とし，また ε_0 と η_0 をそれに対応する数としよう．

われわれが行った ε_0 の計算は非常に粗いもので，ずっと精確なものにすることができる．a, b, c に指示された座標を用いて

V 曲線の長さと曲面の面積　117

$$x_{\mathrm{M}'} = x_{\mathrm{A}} + \frac{\beta}{\alpha+\beta+\gamma}(x_{\mathrm{B}} - x_{\mathrm{A}}) + \frac{\gamma}{\alpha+\beta+\gamma}(x_{\mathrm{C}} - x_{\mathrm{A}})$$

$$= x_{\mathrm{A}} \pm \frac{\beta}{\alpha+\beta+\gamma} h x_u' \pm \frac{\gamma}{\alpha+\beta+\gamma} h x_v'$$

を得る，ここに x_u' と x_v' は，それぞれ，ab のある一点および ac のある一点に対するものである．また

$$x_{\mathrm{M}} = x\left(u_0 \pm \frac{\beta}{\alpha+\beta+\gamma} h,\ v_0 \pm \frac{\gamma}{\alpha+\beta+\gamma} h\right)$$

$$= x_{\mathrm{A}} \pm \frac{\beta}{\alpha+\beta+\gamma} h x_u' \pm \frac{\gamma}{\alpha+\beta+\gamma} h x_v'$$

が成り立つが，今度は x_u' と x_v' は三角形 abc のある一点に対して取られている．これから

$$|x_{\mathrm{M}} - x_{\mathrm{M}'}| = h \left| \frac{\beta}{\alpha+\beta+\gamma} \delta(x_u') + \frac{\gamma}{\alpha+\beta+\gamma} \delta(x_v') \right|$$

が従う．ただし $\delta(x_u')$ と $\delta(x_v')$ は，u と v がたかだか h だけ変動するときの，六つの偏微分係数 $x_u', \cdots, z_v'$ の一つの変動の最小上界 $\lambda(h)$ にたかだか等しいものである．$\delta(x_u')$ と $\delta(x_v')$ の係数はたかだか 1 に等しい，したがって

$$|x_{\mathrm{M}} - x_{\mathrm{M}'}| \leq 2h\lambda(h),\ \mathrm{MM}' \leq 2\sqrt{3} h\lambda(h) = \varepsilon_0.$$

かくして ε_0 は h とともに無限小であるばかりでなく，h に対する比さえ無限小である，なぜなら $\lambda(h)$ は h とともにゼロに向かうから．この注意は肝心である；それによって §72 と同じように論じうるのである．

まず δ は辺 H の正方形からなる網目のある個数の正方形によって構成されるものとし，辺 h の正方形はこれらの正方形の細分から生ずると仮定しよう．そうすれば $\varDelta'$ は完全な諸三角形 ABC のみから成る．そのような一つの三角形には，$\varPi$ の上で，$\varPi$ の完全な面およびそのような面の諸部分から成る一つの面分 $\mathfrak{R}$ が対応する．これらの面または面の諸部分の一つを含む平面は，$\varGamma$ 上に選ばれた向きにしたがって向きが付けられるとき，同じ仕方で向きを付けられた平面 ABC とたかだか $\eta + \eta_0$ に等しい角をなす，なぜならそれらは $\varGamma$ のある同じ有向接平面と，それぞれ，たかだか η および η_0 の角をなすからである．もし $\eta + \eta_0$ が直角より小ならば，これらの面および面の諸

部分の ABC への正射影は重なり合わない；それらは，ABC の外部から $\varepsilon+\varepsilon_0$ 以内にあるさる諸点はおそらく別として，ABC をすっかり覆う；それらは，ABC の内部から $\varepsilon+\varepsilon_0$ 以内にある諸点によって拡大された三角形 ABC 内に含まれる．よって，$\mathcal{R}$ 内に一つの多面体状面分 $\mathcal{R}_1$ を，

$$\text{面積 } \mathcal{R}_1 \geqq \text{面積ABC} - (\varepsilon+\varepsilon_0) \times \text{ABC の周}$$

なるように見出すことができ，また Π 上に $\mathcal{R}$ を含む一つの多面体状面分 $\mathcal{R}_2$ を

$$\text{面積 } \mathcal{R}_2 \leqq \frac{\text{面積 ABC} + (\varepsilon+\varepsilon_0) \times \text{ABC の周} + \omega}{\cos(\eta+\eta_0)}$$

なるように見出すことができる（ここに $\omega > 0$ は任意に小さな数である）．

$\mathcal{R}$ が面積を持つことは確かでなかったが，$\mathcal{R}$ の合併によって形成される $\mathcal{D}$ は，仮定により，面積を持つことがわかっている．このことを心に留めて，上の結果を各面分 $\mathcal{R}$ に適用しよう．こうして

$$\text{面積 } \mathcal{D} \geqq \text{面積 } \varDelta' - 2(\varepsilon+\varepsilon_0) \times \varDelta' \text{ の辺の長さの和},$$

$$\text{面積 } \mathcal{D} \leqq \frac{\text{面積 } \varDelta' + 2(\varepsilon+\varepsilon_0) \times \varDelta' \text{ の辺の長さの和}}{\cos(\eta+\eta_0)}$$

を得る．ε と η がゼロにいくとき，これら二つの限界の差は

$$2\varepsilon_0 \times \varDelta' \text{ の辺の長さの和} \times \left(\frac{1}{\cos \eta_0} + 1\right)$$

にいく．

ところで，この式は P にだけ依存し，そしてそれが h とともにゼロにいくことがわかるのである．事実，もし δ が辺 pH の一つの正方形内に含まれるならば，たかだか $2(pH/h)^2$ 個の三角形 abc がある．この三角形の一辺は Γ の一つの弧を与える；もし ab と ac が $v=0$ と $u=0$ に平行ならば，弧 AB と AC の長さは，K が六個の偏微分係数 $x_{u'}, \cdots, z_{v'}$ の上界だから，たかだか $K\sqrt{3}h$ である；また x, y, z の bc 方向の微分係数はたかだか $K\sqrt{2}$ に等しいから，bc は長さがたかだか $K\sqrt{6}h$ なる弧 BC を与える．よって直線三角形 ABC の周はたかだか $4K\sqrt{3}h$ である；これにより以前の式は

$$2\varepsilon_0 \cdot 2\left(\frac{pH}{h}\right)^2 \cdot 4K\sqrt{3}\, h \cdot \left(\frac{1}{\cos\eta_0}+1\right)$$

によって押えられることになり，これは h とともにゼロに向かう量である．

かくして，$\mathcal{D}$ の面積の極限，すなわち $\varDelta$ の面積の存在が，δ について仮定された条件のもとで証明された．この結果を面分 δ のもっと大きなクラスに拡張することも再考されるだろうが，まず $\varDelta$ の面積の表示を求めることにしよう．

77　曲面の面積の積分表示　　ABC の面積は

$$\frac{1}{2}\sqrt{[(Y_B-Y_A)(Z_C-Z_A)-(Y_C-Y_A)(Z_B-Z_A)]^2+[Z,X]^2+[X,Y]^2}$$

である，ただし最後の二つの括弧式は最初の式から円順列によって導かれるものである．ところで，すでに用いた変換によりこれは，各偏微分係数を abc の適当な一点において取るとすると

$$\frac{1}{2}h^2\sqrt{(y_u'z_v'-y_v'z_u')^2+(z_u'x_v'-z_v'x_u')^2+(x_u'y_v'-x_v'y_u')^2}$$

と書かれる．もし a における微分係数のみを用いるならば，これはまた

$$(\text{面積 } abc)\left\{\sqrt{\left[\frac{D(y,z)}{D(u,v)}\right]_a^2+\left[\frac{D(z,x)}{D(u,v)}\right]_a^2+\left[\frac{D(x,y)}{D(u,v)}\right]_a^2}\right.$$
$$\left.+\theta[8K^2q_2(h)+hq_2(h)^2]\sqrt{3}\right\}$$

とも書かれる，ここに θ は -1 と $+1$ の間の数である．

面積 abc の和は δ の有限な面積だから，h がゼロに向かうとき θ を含む項の和はゼロに向かう，その他の項の和は，定義自身により，

$$\varDelta \text{ の面積}=\iint_\delta \sqrt{\left\{\left[\frac{D(y,z)}{D(u,v)}\right]^2+\left[\frac{D(z,x)}{D(u,v)}\right]^2+\left[\frac{D(x,y)}{D(u,v)}\right]^2\right\}}\,dudv$$

に向かう．

しかしこれは，われわれが正方形の和と呼ぼうと思っている特殊な面分 δ に対して確立されただけである．もし δ がただ面積を持つとだけ仮定される

ならば，δ をある正方形の和 δ_2 の中に包もう，そして δ の内部にある正方形の和 δ_1 をとろう；われわれは (δ_2 の面積)−(δ_1 の面積) がいくらでも小さいという具合にこのことをなしうることを知っている．

$\delta, \delta_1, \delta_2$ に Π の部分 $\mathcal{D}, \mathcal{D}_1, \mathcal{D}_2$ が；Γ の部分 $\varDelta, \varDelta_1, \varDelta_2$ が；P の部分 $\varDelta', \varDelta_1', \varDelta_2'$ が対応する．仮定により $\mathcal{D}$ は面積を持つ；$\varDelta, \varDelta_1, \varDelta_2, \varDelta', \varDelta_1', \varDelta_2'$ は面積を持つ；$\mathcal{D}_1$ と $\mathcal{D}_2$ が面積を持つか否かはわかっていない．§76 において，われわれは，$\mathcal{D}$ が面積を持つという仮定が導入される瞬間を注意深く述べた：それは**面積 $\mathcal{R}_1$ と面積 $\mathcal{R}_2$** によって満足された不等式から，**面積 $\mathcal{D}$** に関するそれに移行した場合である．今度は $\mathcal{D}_1$ および $\mathcal{D}_2$ について考えると，$\overline{\mathcal{D}_1}$ は Π 上にとられた多面体状面分で $\mathcal{D}_1$ を含むものとして

$$\text{面積 } \overline{\mathcal{D}_1} > \text{面積 } \varDelta_1' - 2(\varepsilon + \varepsilon_0) \times \varDelta_1' \text{ の辺の全長}$$

を得，また $\underline{\mathcal{D}_2}$ は Π 上にとられた多面体状面分で $\mathcal{D}_2$ に含まれるものとして

$$\text{面積 } \underline{\mathcal{D}_2} < \frac{\text{面積 } \varDelta_2' + 2(\varepsilon + \varepsilon_0) \times \varDelta_2' \text{ の辺の全長}}{\cos(\eta + \eta_0)}$$

を得る．そして $\mathcal{D}$ は同時に一つの面分 $\overline{\mathcal{D}_1}$ かつ一つの面分 $\underline{\mathcal{D}_2}$ であるから，$\mathcal{D}$ の面積は上の二つの不等式を満足する．

かくして，**面積 $\mathcal{D}$** の数をその間にはさむ二つの限界が得られた．これら二つの限界は $\mathcal{D}$ に依存するばかりでなく，P, δ_1 および δ_2 のそれぞれの選択に依存する．ε と η がゼロにいくように $\mathcal{D}$ が変わるとき，これらの限界の差は

$$\frac{\text{面積 } \varDelta_2'}{\cos \eta_0} - \text{面積 } \varDelta_1' + \zeta$$

に向かう，ここに ζ は h とともにゼロにいく．よって h をゼロに近づけるならば，限界の差は

$$\text{面積 } \varDelta_2 - \text{面積 } \varDelta_1 = \text{面積}(\varDelta_2 - \varDelta_1)$$

に向かう．

面分 $\varDelta_2 - \varDelta_1$ は $\delta_2 - \delta_1$ に対応し，後者は一つの正方形の和である，よって

面積 $(\varDelta_2-\varDelta_1)$

$$=\iint_{\delta_2-\delta_1}\sqrt{\left\{\left[\frac{D(y,z)}{D(u,v)}\right]^2+\left[\frac{D(z,x)}{D(u,v)}\right]^2+\left[\frac{D(x,y)}{D(u,v)}\right]^2\right\}}dudv$$

が成り立ち，この値は $2K^2\sqrt{3}\times$ 面積 $(\delta_2-\delta_1)$ で押えられる．この最後の面積は望みどおりに小さくとることができるから，**面積 $\mathcal{D}$** が，ε と η を十分小さくとるとき，望む限り近い限界の間を変動することがわかる．したがって，**面積 $\mathcal{D}$** は一つの極限に近づく，すなわち $\varDelta$ の面積が存在する．さらに，示唆されたような選択のもとで，前の二つの不等式の右辺は同一の極限を持つ．これから**面積 $\varDelta$** の積分による表示式が面積を持つすべての面分 δ に対して成り立つことが従う．

78 批 判 述べたいと思った第一の説明法はこれで完了した．さだめし読者はこう思うだろう．たとえ一般性が最も少ないと言われる定義に制限しても，非常に長くてしかもたいへん複雑だと．もしも必須の個所を残らず明白にしたいと思わなければ，少しは縮められるであろうし，また曲面および領域のもっと狭いクラスを考察することによって，簡易化されるであろう．だが，これらの変更は価値が乏しいであろう．

ところで長くて複雑なこの説明法は，論理的には十分だが，物理学的には，いやむしろ人間的には，不十分である．事実それは単に近似な多角形あるいは多面体による測定法を正当化するだけで，なんら長さと面積の概念の実用的利用を正当化しない．道路の長さがわかれば道路に敷くのに必要な砂利の荷数を計算できる．このことを示すには，この長さが道路の表面の近似計算に，したがって砂利の体積，そして荷数の計算にどのように役立つかを言わなければならない．ドームの面積がわかればそれを覆うのに必要な銅の重さが計算できる，このことを示すには，この表面が銅の体積の近似計算に，したがってその重さの計算にどう役立つかを言わなければならない．

よって前述の説明にこれらの補足的説明を与える数節を追加する必要がある；だがこれらの節はそれ自体長さと面積の理論の別の説明法を構成するもので，やがてわかるように，より短かく，より満足なものである．

これは決して意外なことではない．§68 において，私は「物理学者たちが，ともかく直接的には，曲線の長さの精確な測定を行わねばならなかったことは，いまだかつてなかった」と言った．そこでほのめかしておいた間接測定においては，測定さるべき曲線や曲面の物質的像である針金や厚板の目方が測られる；したがって長さや面積は，やりたいと思う，そしてそのことにより正当化される，いろいろな応用と調和する方法によって決定されるのである．もしこの新しい測定法を論理的に翻訳するならば，目方を測ることによる物理学的決定ともろもろの応用とに調和するので，良い定義が得られるであろう．そしてこの定義が前のものよりすぐれているのは，それが最も普通に用いられかつすべての応用に最もよく関連する実用的測定法と一致しているからである．

第一の説明法を支持する点としては，いまのところただ一つの利点しかあげられない：それが曲線弧と曲面部分に対し線分と平面領域に対すると同じ長さおよび面積なる語の使用を同時に正当化することである．だが，それはわれわれの習慣によりよく順応した，それが次に述べるより簡単な説明法，ボルヒャルトによって用いられた計算の方法だったが，後にミンコフスキーによって有効な定義として採用された方法，それらによってまず暗示されていた説明法に代って到るところで保存されてきたのは，疑いもなくこのためである．

79 平面曲線の長さの第二の説明法　ある道路に砂利を厚さ 10 cm に敷くのに，砂利 300 荷が必要だったとしよう；後になって，その道路の中央部が掘り返され，道路中央の道路幅の半分の帯状部分を，もう一度厚さ 10 cm に覆いたいとしたとき，われわれは約 150 荷の砂利が必要であると概算するであろう．荷の数は，砂利が置かれるとき，それによって占められる柱の体積に依存する．これら二つの柱は同じ高さで，直角断面は一方は道路全体であり，一方は中央の帯状の部分であるから，この概算は

$$\frac{S}{D} = \frac{S'}{D'}$$

が成り立つことを認めることになる，ここに S と S' は道路と帯状部分との面積であり，道路の幅 D は帯状部分の幅 D' の二倍である．

もし $D=3D''$ であったならば，われわれは類比な仮定をするであろうが，これらの予想はすべて実用上十分に経験と一致する．したがって，もし面 L が幅1に対応するならば，これらの比の共通な値は L で，$S=L\cdot D$, $S'=L\cdot D'$，等々を持つであろう．

もし道路がまっすぐで長さが l ならば，面積 $S, S', \cdots$ の諸面は長方形で，その一辺は l に等しく他の辺は $D, D', \cdots$ である，よってこの場合は $L=l$ が成り立つ．数 L が道路の長さと呼ばれてきたのは，この理由による．

いましがた述べた等式は近似的なものにすぎない．上の説明はしたがって厳密な論理的価値を持たない．それらを数学的定義に変えることをやってみよう．

平面曲線 $\varGamma$ でその各点において接点とともに連続的に変わる接線を持つものを考察しよう．長さ $D=2r$ の線分を，その中点は $\varGamma$ を描き，それ自体は常に $\varGamma$ に垂直であるように変位させよう．曲線 $\varGamma$ は，十分小さい r に対して，動線分が同じ点を二度通ることがないものとし，線分によって掃過される面積を $A(r)$ と呼ぼう，われわれは $A(r)$ の存在することは仮定する；r がゼロに近づくときの $A(r)/2r$ の極限は，もし存在するならば，$\varGamma$ の長さと呼ばれるのである．非常に広い条件のもとで，この極限の存在が証明される．

曲線 $\varGamma$ は上の諸条件を満足しないが，もしそれが諸条件を満たしているいくつかの曲線 $\varGamma_1, \varGamma_2, \cdots$ を端点においてつなげたものであるならば，例えば，屈折線の場合がそうであるが，$A(r)$ によって $\varGamma_1, \varGamma_2, \cdots$ に関する類比な諸面積の和を表わし，同じ定義を適用せよ．これはつまり，$\varGamma$ の長さは $\varGamma_1, \varGamma_2, \cdots$ のそれぞれの長さの和であるということである．特に，屈折線の長さは，それの辺の長さの，長さという語の普通の意味での，和である．

この定義を，半径が R で中心角が α の円弧に適用しよう．面積 $A(r)$ は，半径が $R+r$ で中心角が α の扇形から半径が $R-r$ で同じ中心角の扇形を除いて得られる面分のそれである，よって (§41)

$$\frac{A(r)}{2r}=\frac{\frac{1}{2}\alpha(R+r)^2-\frac{1}{2}\alpha(R-\alpha)^2}{2r}=\frac{2\alpha Rr}{2r}=\alpha R,$$

よって円弧は長さを持ち，公式 $L=\alpha R$ によって与えられる．

80 同じく空間曲線の長さ　　初等幾何学では，平面曲線の考察をすれば十分である．しかしながらもし空間曲線 Γ を調べるならば，その長さを定義するのにそれが上に仮定されたものに類比な条件を満足することを仮定し，長さ $D=2r$ の動線分の代わりに半径 r なる動円でその中心が Γ を描き，その平面が常に Γ に垂直であるものがとられるであろう．それが掃過する体積を $V(r)$ として，r がゼロに近づくときの $V(r)/\pi r^2$ の極限を，この極限が存在する場合に，Γ の長さと呼ぶことになろう．前と同様に，この定義はいくつかの角点を持つ曲線に拡げられるし，またこの定義の結果，屈折線に対してはその長さが，普通の意味で，その辺の長さの和であることが導かれる．

なおこの定義が広義の場合に適用されることおよび，そのうえ，Γ が平面曲線の場合には二つの定義が同じ数を与えることを確かめたい．ちなみにこの二つの定義の一致がどうして証明できるかは次のとおり．

平面曲線 Γ はそれに対し r がゼロに向かうとき比 $A(r)/2r$ が L に向かうものとしよう．半径 r の動円によって掃過される立体を，Γ の平面に平行で互いに h の距離にある諸平面によって，薄片に分割しよう．一つの薄片を限る二平面が動円を長さが $2r_1$ と $2r_2$ なる弦に沿って切るならば，薄片は，高さが h で底の面積が $A(r_1)$ なる柱に含まれ，他方同じ高さで底の面積が $A(r_2)$ なる柱を含む．

r_1 と r_2 は r より小だから，
$$A(r_1)=2(L+\varepsilon_1)r_1, \quad A(r_2)=2(L+\varepsilon_2)r_2$$
を得る，ここに ε_1 と ε_2 は，r とともにゼロにいく数 ε によって，絶対値が押えられる．二つの柱の体積は h をかけて得られる，よって
$$(L-\varepsilon)\sum 2r_2h < V(r) < (L+\varepsilon)\sum 2r_1h$$
が成り立つ．ところで，この不等式の両端に現われている和は，h がゼロに向かうとき動円の面積 πr^2 に，一方は下から他方は上からいくらでも近づく値である．よって

V 曲線の長さと曲面の面積　　125

$$(L-\varepsilon)\pi r^2 < V(r) < (L+\varepsilon)\pi r^2.$$

ここに ε は r とともにゼロに向かう．これは二つの定義の一致を証明する[1]．

またこの一致は，本節の定義のおのおのが，広義の場合の内接多角形による定義と一致することを示して，間接に証明することもできるが，それには，かまわずにおく．

81　同じく曲面の面積　　曲面の面積については，曲線の弧の長さに関すると同様な準備の後に，r がゼロに近づくときの比 $V(r)/2r$ の極限，それが存在するとして，定義されよう．ここに $V(r)$ は，その曲面に垂直でその中点が問題の曲面領域の点である長さ $2r$ の線分によって作られる立体の，存在が仮定される，体積である．この定義は角点の線を持った曲面に拡げられるだろうし，平面領域はそれが第 III 章の定義に従って面積を持つとき，かつそのときに限って，新しい定義による面積を持つこと，これら二つの定義が一致すること，多面体状面はそれの諸面の面積の和を面積に持つことがそれから結論されるだろう．

このことは，円柱や円錐の側面の切片あるいは球帯の切片に容易に応用されるだろう．これらはすべて非常に簡単で，直接的であり，円の場合の計算に非常に似ているので，これ以上言うべきことは何もない．

82　第二の説明法に基づく諸量の積分表示　　積分学の課程においては，諸定義が必要なだけ明確にされた後は，ためらうことなく単純化の適当な仮定を設けてそれらが使用されるであろう．例えば，Γ は一つの空間曲線で，直角座標についての正則な表現が関数 $x(t), y(t), z(t)$ によって与えられ，ここにそれらは第一次，第二次の導関数とともに $[t_0, t_1]$ において連続であるとしよう．

---

[1]　もし単に円の場合にこの一致を証明すればよいのならば，ギュルダンの定理または単にこの定理の特殊な場合，すなわち一つの対称軸を持つ平面領域が，その平面内にあってその領域と接触せずかつ上の対称軸に平行である一直線のまわりに回転することによって生成される立体に関する場合を適用してよかろう．

すぐに確かめられるように

$$\frac{y'}{\sqrt{x'^2+y'^2}}, \quad \frac{-x'}{\sqrt{x'^2+y'^2}}, \quad 0$$

および

$$\frac{x'z'}{\sqrt{x'^2+y'^2}\sqrt{x'^2+y'^2+z'^2}}, \quad \frac{y'z'}{\sqrt{x'^2+y'^2}\sqrt{x'^2+y'^2+z'^2}}$$

$$\frac{-\sqrt{x'^2+y'^2}}{\sqrt{x'^2+y'^2+z'^2}}$$

は, 点 (x, y, z) における Γ の二つの直角な法線の方向余弦である[1]. よって, $V(r)$ は, 直角座標が (u, v) なる点が原点のまわりに半径 r の円を描くときの, 点

$$X=x+\frac{y'}{\sqrt{x'^2+y'^2}}u+\frac{x'z'}{\sqrt{x'^2+y'^2}\sqrt{x'^2+y'^2+z'^2}}v,$$

$$Y=y-\frac{x'}{\sqrt{x'^2+y'^2}}u+\frac{y'z'}{\sqrt{x'^2+y'^2}\sqrt{x'^2+y'^2+z'^2}}v,$$

$$Z=z-\frac{\sqrt{x'^2+y'^2}}{\sqrt{x'^2+y'^2+z'^2}}v$$

の軌跡である立体の体積である. よって

$$V(r)=\iiint\left|\frac{D(X,Y,Z)}{D(u,v,t)}\right|dudvdt$$

である.

r がゼロに近づくときの $V(r)/\pi r^2$ の極限を得るには, 無限小 $V(r)$ の主要部分がわかれば十分である. ところで積分さるべき関数行列式は u, v についての多項式で, その各単項式 $c(t)u^\alpha v^\beta$ からは

$$\int c(t)\,dt \cdot \iint u^\alpha \cdot v^\beta du dv$$

なる形の項が生ずる, ここに第二因数は r について $\alpha+\beta+2$ 次の単項式である. したがってこの関数行列式の項で u, v について最も低次の項を取れば

---

[1] しかしながら, これは $z' \not\equiv 0$ を仮定する. もしそうでないなら, Γ をいくつかの弧に分け, そのおのおのの上では導関数 x', y', z' の一つは消えないとされよう. x'', y'', z'' の存在を仮定したのは, これらの方向余弦を微分できるためである.

十分で，これから

$$\lim_{r\to 0}\frac{V(r)}{\pi r^2}=\int_{t_0}^{t_1}\begin{vmatrix} x' & \dfrac{y'}{\sqrt{x'^2+y'^2}} & \dfrac{x'z'}{\sqrt{x'^2+y'^2}\sqrt{x'^2+y'^2+z'^2}} \\ y' & -\dfrac{x'}{\sqrt{x'^2+y'^2}} & \dfrac{y'z'}{\sqrt{x'^2+y'^2}\sqrt{x'^2+y'^2+z'^2}} \\ z' & 0 & -\dfrac{\sqrt{x'^2+y'^2}}{\sqrt{x'^2+y'^2+z'^2}} \end{vmatrix}dt$$

$$=\int_{t_0}^{t_1}\sqrt{x'^2+y'^2+z'^2}\,dt$$

が得られる．

もう一つの例として，Γ を直角座標で $x(u,v),\ y(u,v),\ z(u,v)$ によって定義される曲面としよう，ここにこれらは (u,v) 平面のある領域において初めの二次までの偏導関数とともに連続な関数で，それに対し Γ のパラメタ表示が正則であると仮定しよう．そして δ は (u,v) 平面のこの部分の中にとられた面積を持つ面分としよう．δ に対応する Γ の領域 $\varDelta$ に対し考える立体の諸点は，ρ を $-r$ から $+r$ まで変わるとして

$$X=x+\frac{D(y,z)}{D(u,v)}\times\frac{\rho}{\sqrt{\left[\dfrac{D(y,z)}{D(u,v)}\right]^2+\left[\dfrac{D(z,x)}{D(u,v)}\right]^2+\left[\dfrac{D(x,y)}{D(u,v)}\right]^2}}$$

のような三式によって与えられる．

$V(r)$ を得るために積分しなければならない，$u,\ v,\ \rho$ に関する $X,\ Y,\ Z$ の関数行列式は，$V(r)/2r$ の極限を求める目的には，その主要部分に帰着させることができる．これより

$$\varDelta\ \text{の面積}=\lim_{r\to 0}\frac{V(r)}{2r}=\iint_\delta\begin{vmatrix} x_u' & x_v' & \dfrac{D(y,z)}{D(u,v)} \\ y_u' & y_v' & \dfrac{D(z,x)}{D(u,v)} \\ z_u' & z_v' & \dfrac{D(x,y)}{D(u,v)} \end{vmatrix}\frac{dudv}{\sqrt{S\left[\dfrac{D(y,z)}{D(u,v)}\right]^2}}$$

$$=\iint_\delta\sqrt{\left[\dfrac{D(y,z)}{D(u,v)}\right]^2+\left[\dfrac{D(z,x)}{D(u,v)}\right]^2+\left[\dfrac{D(x,y)}{D(u,v)}\right]^2}\,dudv$$

が得られる．

83 結論 われわれの第二の説明法はこれで終りである．読者はきっと，いかにそれが第一の説明法より簡単でかつ短いか，それにもかかわらず，たとえより完全でないにしても，少なくとも応用にはより適切であることに気づいたであろう．

われわれが数学を純論理的な科学と考えるときは，何物も面積と長さの定義の探求において道しるべとはなりえない，これらの定義は自由である．数学を応用科学と考えると，その技法を調べることにより諸定義に導かれた，二つの技法があって二つの良い定義に導かれた．§72 と §82 および §77 と §82 における計算の一致は，これらの技法の一致を明らかにし，かつ長さの唯一の物理学的概念および面積の唯一の概念があることを示すのである．

だがわれわれは，数学は確かに経験を起源に持つが，純論理的でなければならない，ということによって，いわば中間的な立場をとることもできるであろう．ところで論理的推論というものは，諸性質に直接基礎を置くもので構成には直接基づくものでない；測定の技法に似せて前数節においてなされた長さと面積の諸構成は，長さなり面積なりに課せられる諸性質，物理学的観察によって示唆されるところのもの，の陳述によって作られる**記述的**定義によって置き換えるのが有利であろう．それにこのことは，平面領域の面積と体積とを性質 α, β, γ によって定義することで，前二章でやったことではないか？

そのときは上に定義した長さと面積は，なるほど性質 α, β, γ を持つが，これらの性質がそれらを特徴づけるのに十分でないこと，換言すれば，求める数は α, β, γ によって一定因数を除いて決定される，というふうに述べうる性質 δ をもはや持たないことが注意されるだろう．事実，一つの曲線または曲面に主法線（または陪法線）の指標曲線または法線の指標曲面を付随させると仮定しよう；もとの曲線または曲面に付随すると考えられるこの曲線の長さまたはこの曲面の面積は，やはり，α, β, γ を満足する．ここに行ったばかりの諸注意は，次の新しい条件の陳述に導く．

ε——曲線(または曲面) Π が位置および方向において定曲線(または定曲面) Γ に一様に近づくとき,ただし Π と Γ は長さを持つ曲線族(または面積を持つ曲面族)に属するとして,そのとき Π の長さ(または面積)は Γ の長さ(または面積)に近づく.

任意の線分(あるいは多角形)が長さを持つ曲線族(あるいは面積を持つ曲面族)に属することになっているならば,性質 $\alpha, \beta, \gamma, \varepsilon$ は δ を含蓄するに十分である.事実,そのときは任意の多角形状線の長さ(あるいは任意の多面体状面の面積)は,それから導かれる,それにまた ε はわれわれの第一の説明法の定義に導くのであり,そしてわれわれがそれに導かれたのは,要するに,この方法によってであった.

このことは次のことを示す.第一に,諸概念の批判の観点からも論理的観点からも,第一の定義は今までにはっきり指摘しなかった利点を持っていること,第二に,積分学初歩よりもっと高度の教育にあっては,それを抜かしてはならないことである.

VI 測定可能な量

84 序論 中等教育の最初の学年である第六学級のプログラムは「量の測定，分数の概念」という一章を含んでいる．中等教育の最終学年である数学学級のそれはこれと同じ章「量の測定」を含んでいる．これら二つの学級の間では，生徒の年齢の理由からしても，また第六学級では実用的概念を，数学学級では抽象的概念を取り扱うべきであるという理由からしても，その観点は当然非常に異なるべきである．

第六学級の教材については何も問題はない．幼い子供たちは，小さなケーキを分割することによって，三分の一，四分の一，五分の三が何であるかを教えられる．子供たちは完全に理解し，概して授業のこの部分に大いに興味を持つ．これに反して，数学学級でのそれに対しては困難は大きく，その結果その章は無条件に手を抜いてやられるか，または全く第六学級におけると同じ前論理的観点に立ち戻るのである．

これに反して，この章が非常に重要だと考えられてきたことは確かである；例えば，われわれが共通な二つの寸法を持つ二つの直方体の体積の比較から二つの任意の直方体の比較に移る場合に，普通参照するのはこの章なのである．よって，われわれはあらゆる応用に備えるために論理的諸困難を解決せねばならない．この章はこれまで「算術」の中に組み入れられてきた，それに結び付けられる数の概念の拡張のゆえである．がしかしその結び付きが必要不可欠であるのはまた，量の測定の章に純論理的な面を与えたいと思えば，「算術」が数学の部門の中で最も根元的であり，かつ最も純論理的だからである．しかしそのときは量の論理的定義の問題が課せられる．実用においては，教師たちは何の定義も与えない；彼らは量の例として：面積，体積，重さ，熱量を，そして量でない概念の例として：速度，温度，ポテンシャル等をあげるのである．

明らかに，現代語の教育において直接的方法という名で知られているこのやり方は，量の概念は，日常経験から，物理学的知識から，常識から，前もって獲得されると仮定するもので，したがってそれはただその名称を知らせることが主張できるにすぎない．その結果は，一般的説明を探すために，例えば体積の章から量の章へ移る場合，その章は一般の量をただ体積との類比によってのみ説明するから，循環論法を犯すわけである．では，量の概念を論理的に明確にするために克服しなければならない困難は何か？ それは全く形而上学的であり，数の概念に対して遭遇したものと同じ性質のものである．数とそれを表わす記号とを混同しないよう勧告されたのと同じように，量と量を測る数とを区別したい，そればかりか数の概念を拡張し，分数およびより一般な数に到達するのに，量を利用さえしたいのである．よって，長さ，面積，体積を定義すること，あるいは，より正確にいって，数を語ることなくして，長さ，面積，体積を含む一つの概念を定義することが問題になる．

このことから二つの態度が考えられる：形而上学に逃避するか，さもなければ量に関して再び「相等」，「和」，「積」等々を定義し始めるかである．つまり，数の理論を，あえてその語を口にすることなく，やり直すのである．この第二の態度はよく知られたことで，それは私がこれまでに何度か言及したものであり，例えば，二つの線分の比について数でないかのごとく考えて話すとき用いられるものである．

第一については，かの著名な数学者 G. ダルブーが鋭い批判精神の持主 J. タンヌリに与えた次の勧告の中に非常に興味深く現われている：「**増加と減少を許すものはすべて量である**という古い定義から引き出せる限りのものを引き出す」ように努めなさい．

そうだとすると，体積にも野心にも，温度にも食欲にも，国家予算にも，土地の肥沃にも，知能にも，セーヌ川の水位にも，驚きにも，等々，そして特に，量を測る数の大きさにも，同時に適用されるような理論を創り出すことが必要だろう．いわば真の困難は，いかなる点からいっても，増加も減少も許さないところの量の範疇に属さない何物かを見出すことにあると言えるだろう．

研究が可能なためには，考察を制限せねばならない．確かに，量という語は，数学者によって普通は非常に一般的でかつ非常に多様な意味で用いられている．あらゆる数が量と呼ばれるようになり，なおそれで十分でないとして，これらのスカラー量の他に，別な量が考えられる．ベクトル量はその最も簡単なものである．だが，われわれが量の理論について語るときは，量という語はもっと限定された意味のものである．混乱を避けるために，直接に測ることのできる量というような名称が考えられた；ただこのような名称がどんなものに適用されるのかを明確にせねばなるまい．

85 量とは何かを考えるにあたってのいろいろな反省　一般的に言えることは，直接に測れる量があるためには，相等と和について話すことができねばならないこと，そしてこれらの量の範疇に入るものとして質量が挙げられることである，なぜなら等しい質量について，また二つの質量の和である質量について話すことができるから，だが温度はとりのけられる，というのは等しい温度のことは話すとしても，二つの温度の和である温度については話さないから．それを話すこと，30°と 40°は 70°になると語ることは妨げる何物もない，数が問題になるときはいつでも相等と和について話すことができることを注意せよ．言いたいのは，二つの温度の和が何ら**物理学的重要性**を持たないことである．だがこの確認はどんな**論理的重要性**を持ちうるか？　明らかに何もない，そして科学の現状においては，量の論理的定義をその諸概念を提示する物理学的関心に基づかせることはできかねるだろう．それにまた，温度の和が物理学的重要性のないものだということは本当だろうか．40°を話すとき，ある物体と融解しつつある氷との温度差がひかえられ，目盛られる．同様に，冬から夏にかけてレールが受ける伸びを計算するとき温度の差が用いられる．そして差を用いる者はそのことですでに和を用いるのである．実際，摂氏 40°は絶対温度 313°であるというとき，温度の加法が行われたのである．同様に，例えば，運動の合成において，速度が加えられる，ポテンシャンが引かれる，というのはポテンシャルは差だけしか用いられないからである，等々．

つまり，上に暗示された規準は，何の論理的射程も持ちえなかったばかりか，何の意味もないのである．それでもわれわれはそれをすぐに，しかし明確にされた形のもとに，再び見出すであろう；それについて今しがた行った検討は，実はただ一つのことしか証明しない，それはそれが明瞭に考えられたこともなく，正確に述べられたこともないということで，それが根拠のないものだということではない．

このようなあらゆる批判を行ったことから，困難は，採用されたあまりに形而上学的な態度によって引起されたので，われわれは数，長さ，面積，体積の場合にうまくいった方法を試みるべきだということをなにより銘記しよう．われわれはすでに集団に付与される形而上学的数とそれを表わす記号の間の区別，形而上学的長さ，それを測る形而上学的数，その数を表わす記号の間の区別を放棄した，面積と体積についても同様である，われわれは数学において重要な唯一のものである記号としての数を，直接に定義しようと努めてきたのである，われわれの出る幕でない形而上学的問題に関与することは他の人々に任せて．それに，長さ，面積，体積の中に量の完全な型を見ることには万人が同意することだから，まず第一に，これらの概念のおのおのについて述べた事柄の中の共通なことを調べるべきであろう．これがこれからしようということで，したがって一般の量に関する章は，線分の長さ，多角形の面積，多面体の体積に関する諸章の後に，あるいは少なくともこれらの章のどれかの後に来ることを仮定している．

これから明確にしようとする概念は，量という語に与えられる種々の異なった意味が適用されるすべての物を総括するわけではない；われわれは止まることを知らねばならないことを知っているし，決してできる限りの最大の一般性でなくて，ただ量の測度の章に現在与えられると思われる射程を減らさないような一つの拡張を達成したいと思うのである．

86 物体族に定義される量の第一公理 a) よって前数章におけるさまざまな定義に共通な部分は何であるかを調べよう．そして物理学的質量は量の完

全な型とも考えられるので, これらの部分の中で質量の場合に移しうるものを保持しよう. 線分の長さまたは円弧の長さ, 多角形の面積または曲面内に切取られた領域の面積, 多面体または他の立体の体積は, さまざまな幾何学的存在物に付与される正の数として定義されたものであり, 単位の選択を除いてはこれらの存在物によって完全に確定した. これは条件 α であった. 質量の場合に, 定義のこの最初の部分を述べるとすると, それは二つの部分 a), b) から成るであろう.

a) 物体の一つの族が与えられたとき, もしそれのおのおのに対し, かつそれのおのおのの各部分に対し, 確定した正の数が付与されているならば, これらの諸物体に一つの量 G が定義されていると言う.

読者は, この数なりこの量なりに, 長さ, 体積, 質量, 熱量, 等の名前を付けてその数を決定することを許した手続きを思い出すであろう. それはまた長さ, 体積, 等を測定したといわれる. 決定の物理学的な手続きでは, 実際には, ある誤差までしか数に到達することができない. それによっては, 一つの数をそれにきわめて近いすべての数から判別することは決してできない. それゆえわれわれは線分の長さの測定法の場合にやったように, この手続きが, 全く定まった唯一の数に導くまで, 限りなく完全になされうると想像するのである.

考察される物体の族は一つの量から他の量へ変わるであろう. これらの物体はすべて, ある場合には直線の線分に, ある場合には曲線の弧に, さらにある場合には曲面領域に, 他の場合には空間の部分に擬せられるであろう. さらに, それほど初等的でない教育において, 三次元より高い次元の空間の部分あるいはそのような空間の中に埋めこまれた多様体の部分を考えうるだろう.

87 続き. 量の第二公理 b)　　質量の例からすると, 前の諸章の条件 γ を一般化することをわれわれは考えるべきでないことがわかる; 幾何学的に等しい二つの物体に, これらの物体に対する量 G の測度として, 異なる二数が対応するのである. これに反して, 条件 β は一般化することができ, それは本質的である.

b) **一つの物体 C がある個数の部分物体 $C_1, C_2, \cdots, C_p$ に分割されるならば**，そして量 G がこれらの物体に対して一方では g, 他方では $g_1, g_2, \cdots, g_p$ であるならば，

$$g = g_1 + g_2 + \cdots + g_p$$

が成り立たなければならない．

この条件はわれわれが前に批判したことを明確にする：二つの量の和について語ることができなければならないのである．

これまでのところではわれわれは物体という語に，以前に領域という語に与えられたのと類比な不明確さを持たせてきた．明らかに，幾何学あるいは理論物理学において，この語に与えられる論理的意味を明確にすることが可能であろう．特に，幾何学では，物体という語に大なり小なり広い意味，例えば集合または図形という意味を与えることができよう．ただ，どの場合にも，全体の図形の部分への分割と呼ぶものを定義しておくことが必要だろう．さらに，量は，幾何学的性質の資料に付与されるのではなくて，もっといろいろな性質の資料に付与されうるであろう．ここでは，幾何学的に，空間内の領域，または曲面または曲線上に切取られる領域に擬せられる物体を調べれば十分であろう．

そのうえ物体からなる族はもう一つの条件に服従する，それは初等教育ではわかったこととしておけるが，論理的見地でのその必要性は，なされた定義とともに量の全理論を構成するところの，唯一の定理の証明の折にたまたま現われるのである．

88 関数関係にある二量についての基本的定理 物体の同じ族に対し二つの量 G と G_1 が定義されるとき，もし G が同一の任意の値 g を持つすべての物体に対して，G_1 が同一の値 g_1 を持つならば，g と g_1 の間に関係

$$g_1 = kg$$

が成立する，ここに k は定数である．

この性質を証明するため，一つの物体 C に付与される数 g および g_1 を，基準に選ばれた物体 Γ に付与される数 γ および γ_1 と比較しよう．n を任

意の整数として
$$\frac{m}{n} \leqq \frac{g}{\gamma} < \frac{m+1}{n}$$
であるように整数 m を決定しよう．そして物体 C を m 個の部分に分割してそれらに対し G が同一の値 g' を持つようにし，Γ を n 個の部分に分割してそれらに対して G が同一の値 γ' を持つようにしよう．すると
$$g = mg', \quad \gamma = n\gamma', \quad g' \geqq \gamma'$$
が成り立つ．ここに等号はそれが初めに成立するときにのみ成立する．等号が成立しないとき，C を構成している m 個の部分物体のおのおのを縮小して，それの G が値 γ' を持つようにできる；換言すれば，C を構成する m 個の物体を $2m$ 個の物体で，そのうち m 個はおのおの G に値 γ' を与えるようなもので，置き換えることができる．この最後の m 個の物体と Γ を構成する n 個の物体は，すべて，G に同一の値 γ' を与えるので，G_1 に同一の値 γ_1' を与え，したがって
$$g_1 \geqq m\gamma_1', \quad \gamma_1 = n\gamma_1', \quad g_1/\gamma_1 \geqq m/n$$
が成り立つ，ここに等号は，それがはじめに成立したときにのみ成立する．

一方*
$$g < (m+1)\frac{\gamma}{n} = (m+1)\gamma'$$
から，**命題の仮定により**
$$g_1 < (m+1)\gamma_1' = (m+1)\frac{\gamma_1}{n}$$
が言えるので，結局
$$\frac{m}{n} \leqq \frac{g_1}{\gamma_1} < \frac{m+1}{n}$$
が成り立つ．よって
$$\left| \frac{g}{\gamma} - \frac{g_1}{\gamma_1} \right| < \frac{1}{n}$$
である．ここに n は任意の整数であるから

＊（訳注）以下四行は訳者が加筆訂正した．

$$\frac{g_1}{g} = \frac{\gamma_1}{\gamma} = k$$

を得る．

89 量の第三公理 c) 定理は証明された；だが，その証明の中で物体を部分物体に分割することが用いられたが，その可能性は仮設 a) と b) とからは従わない．私は教室ではあからさまに言わないでこの補足的仮設を行っても，何も不都合があるとは信じない；だが教師は，a) と b) とでは論理的に不十分なことを知るべきである．

その補足的仮設は次のように定式化できよう．

c) それに対し一つの量が定義されている物体族は，その族の任意の物体が族から離れることなく逐次の縮小によって一点に縮むことができ，しかもこれらの縮小の過程においてその量はそのはじめの値からゼロにまで連続的に減少するように，**十分豊富でなければならない**．

面積に関しては，平面多角形がそのような物体族を構成することが注意されよう．また，われわれが**面積を持つ面分**と呼んでいるところの領域から成るより大きな族も，面積量に対して条件 c) を満たすことが注意されよう．かくして c) のような条件の必要性は，面積や体積の研究をある種の領域で我慢させることになった困難性に関連して現われるのである．

90 諸公理についての反省 教師たちは見落してならないことだったが，教室では陽わにするには及ばないいま一つの注意，それは条件 b) がいくらか紛らわしいかもしれないということである．一つの円 C_1 の弧の族 F_1 と C_1 とは異なる円 C_2 の弧の族 F_2 とから成る物体族 F を考えよう．F_1 の弧には C_1 の単位弧 U_1 の助けによって，幾何学第二巻のやり方で測度を付与する．F_2 の弧には，C_2 の単位弧 U_2 の助けによって測度を付与する．これらすべての数が族 F の物体に対して定義される一つの量を構成する，と述べるのは正しいであろう；だが実際は，ここに F_1 の物体と F_2 の物体とのそれぞれ

に対して定義される二つの量を持つのであろう．一つの族 F のすべての物体に一つの量が定義され，この族 F が二つの互いに素な族 F_1, F_2 でそのおのおのが，それが含む F に属する物体の諸部分をも含むようなものに分割されうるときはいつでも，条件 b) は，F_1 および F_2 にはききめがあるが，F_1 と F_2 にあるのとは別なききめを F に持つことはないという意味において，紛らわしいものである．例えば，連続な接線を持つ諸曲線の弧の長さはこれらの曲線に付与される量であると述べることが正しいならば，連続な接線を持つ一曲線のいろいろな弧の長さは量であると述べる方が，b) の射程をよりはっきりさせることになる．

前例において，たとえ C_1 と C_2 との半径が等しかったとしても，U_1 と U_2 の任意の選択がなされえたであろうということに注目しよう．第 V 章の意味における長さが問題で，幾何学第二巻の意味における測定が問題でない場合は，同一の長さ 1 の弧 U_1 と U_2 は合同である；事実，条件 γ が課されたわけである．**幾何学的量**，すなわち，条件 γ を満たす量に関しては，b) と γ を結合して次の陳述にすることができる．**一つの物体 C が，それぞれ物体 C_1, $C_2, \cdots, C_p$ に合同な物体に分割されうるときは，それの量の値 G は，C_1, $C_2, \cdots, C_p$ に対する量の値の和 $g_1 + g_2 + \cdots + g_p$ である．**

もしそうしたければ，われわれは「物体を分割する」という言葉に新しい意味を与えることに同意してもよい，C は $C_1, C_2, \cdots, C_p$ に分割される，あるいはまた C はこれらの物体の和であるといって，陳述 b) を保存してもよい．そこには量の概念の諸拡張の起源がある，私はそれをただ指摘するだけであるが，それは「分割する」という語に種々の意味を与えることによって得られるであろう．われわれはまた，量は，正の数である代わりに，それに対して加法が定義されるような他の任意の数学的実在である，ということに同意してもよかろう．

これら一般化の検討は私の計画からは逸脱するものだが，ここにただ一つ考察した概念が故意に狭いものであることをよく印象づけるのに，それらの指摘は役立ったであろう．

ここに，学生の注意を促すのが適当と思われるいくつかの忠告がある．角錐の高さの長さは角錐に付与される量でなくて，高さの線分に付与される量である；多面体の表面の面積は多面体族に対して定義される量でなくて，多面体の表面の部分の面積が，物体と考えられた表面の部分に対して定義される量である；ox に平行な一辺を持つ直方体の ox 方向の高さはその多面体に付与される量ではないが，もしそのすべての多面体が同じ無限直角柱から ox に垂直な諸平面によって切り取られるものとしたら，そうなるであろう．

かように，数はそれが付与される物体に応じて量であったりなかったりする；それが定義される物体の族とそれが量である物体の族との間には必然的な一致は存在しないのである．

91 比例する二量 二つの量が §88 の仮定を満たすとき，すなわちそれらが同一の物体族に対して定義され，かつ一方の値 g が他方の値 g_1 を決定するときは，二つの量は比例すると言われる．

すでに証明したこの定理は，g_1 が g の関数で $g_1 = f(g)$ であるならば，この関数が $g_1 = kg$ なる形を持つことを示す．**よって，量という語にわれわれが与えた明確な意味においては，反比例する量は存在しない**，また互いに比例関係とは別な具合に従属する諸量も存在しない．もちろん二つの数は比例とは異なる仕方で結びつきうるが，そのときはその中の少なくとも一つは量ではない；もし二数がともに量ならば，その関係は比例関係に帰着するのである．ところで量の族は広大である；すでに見たように，それは幾何学，物理学に関連した数を含み，また商品の値段，その製造に要する時間，等というような経済的諸問題に関する数をも含むわけだ．これよりわれわれが出会う多数の比例関係が生ずるのである．

少し疑わしいあるいは全く承認できない推論が，それが諸量とかかり合うことを証明することで，正しい推論によっておき代えられるであろう．話を純数学的概念に限るために，次の諸量を列挙しよう．一直線の諸線分の長さ，一曲線の諸弧の長さ，一平面の諸領域の面積，一曲面の諸部分の面積，空間の諸部

分の体積，諸角の測度，一つの円の諸弧の測度，諸立体角の測度，一つの球の諸部分の測度，一つの運動体がその軌道の諸部分を通過するに要する時間，そのような一つの部分の一端から他端までの間の速度の諸変分．

これらの数が量であることは，終りの二つについては明らかであり，初めの方のものに対してはすでに証明してある．ここでは省略するが，議論が必要なものといえば，立体角の測度と一つの球の諸部分の測度だけであるが，それらは条件 α, β, γ を満たす測度である．

これらの量の間の比例関係は，存在するときは，証明は容易である．まずその問題によってそれが確立されるということが起りうる；運動体が等しい時間に等しい空間を通過するという運動；その通過距離と所要時間は，通過した諸弧に付与される二つの比例する量である．同様に，等しい時間に等しい分量だけ速度が増加する運動においては，速度の増分は時間の増分に比例するわけである．

別な場合には，一つの量の測定の操作が，歩一歩，もう一方の量に適用されるということが起るであろう（§21），円の諸弧の測度が諸中心角に比例するように．また球の諸部分の測度とこれらの諸部分が中心から見込まれる諸立体角の測度の場合もそうであろう．

92 ジラールの定理などへの応用 われわれは，また，物体のある族に対し一つの量が，条件 α, β, γ によって，単位の選択は別として，全く定まることが証明された場合にはいつでも，これらの物体に付与されて条件 α, β, γ を満たす二量は比例することが証明されたのであることを注意しよう．この自明の理を述べるのが望ましいことは間もなくわかることだが，まず物体がただ1パラメタの量に従属する場合を注目しよう．そのときは，一つの物体に付与される一つの量 G の値 g が与えられれば，この物体は量において定まる；それに付与される他のすべての幾何学的量 G_1 が定まるのである．G と G_1 は比例する；それは例えば，円の諸弧と中心の諸角の場合である．

一つの多面体角に付与される一つの幾何学的量 g，例えば，その角の測度を

考えよう；その値は，角を量として決定するには不十分であろう，それどころかその値には無数の角が対応するであろう．

この同じ角に，
$$h = \hat{A} + \hat{B} + \hat{C} + \cdots - (n-2)\pi$$
なる数を付与しよう．ただし n はそれの二面角の個数で $\hat{A}, \hat{B}, \hat{C}, \cdots$ はそれらの弧度での測度である．ここでは各二面角は多面体角の内部に向けて考えるものとする．

一つの多面体角 C を二つの他の多面体角 C_1 および C_2 に分割するならば，これら三つの物体の h の値の間に $h = h_1 + h_2$ が成り立つことがただちにわかる．このことから C をいくつかの三面角に分割するならば，h はこれらの三面角に付与される数の和であることが従う．一つの三面角の場合，h は正である，よってそれは常に正である．よってそれは一つの量である；そのうえそれは一つの幾何学的量であるわけだ．

ところで，私が省略した諸推論は，それはわれわれを平面面積の概念に導いた推論のあるものに類比であるが，一つの多面体角に付与される一つの幾何学的量が，単位の選択は別として，全く定まることを示す；したがって $g = kh$ である．適当な単位を用いれば，
$$g = \hat{A} + \hat{B} + \hat{C} + \cdots - (n-2)\pi$$
となる．これはアルベール・ジラールの定理である（§74）.

ルジャンドルは，ユークリッドの公理を用いないで，平面三角形の角の間に，不等式
$$\pi - (\hat{A} + \hat{B} + \hat{C}) \geqq 0$$
が成立することを示した．これより n 個の頂点を持つ任意の多角形に対して
$$h_1 = (n-2)\pi - \hat{A} - \hat{B} - \hat{C} - \cdots \geqq 0$$
なることが従う．

h_1 が平面多角形に付与される一つの幾何学的量であるか，さもなくければゼロであることは明白である．もしもわれわれが，これまでに行ったのと違った仕方の推論によって，それは可能なことだが，諸多角形の面積の存在をユー

クリッドの公理を用いないで確立し，かつそれが単位は別として全く定まることを示したならば，さらに次の結論をなすべきであろう；h_1 がゼロでないとき，それと面積が比例するか，これはロバチェフスキー幾何学の場合である；さもなければ h_1 はゼロで，これはユークリッド幾何学の場合である．

93 いくつかの数に比例する数．古典的陳述の批判

比例する諸量の概念について，実用的興味は言うまでもないが，その理論的興味が明らかにされたいま，私はいわゆる他のいくつかの量に比例する量と普通言われている事柄を次のことで置き替えよう．

数 g は他のいくつかの数 x, y, z, t によって定まるとし，かつ後者の数の一つだけが変動するとき，g はそれに比例して変動すると仮定しよう．そのときは C を定数として

$$g = Cxyzt$$

である．

事実，g_0, x_0, y_0, z_0, t_0 を付随する別な組としよう．付随する諸系

$$g_1, x, y_0, z_0, t_0; \quad g_2, x, y, z_0, t_0; \quad g_3, x, y, z, t_0$$

を導入しよう．すると

$$\frac{g_1}{g_0} = \frac{x}{x_0}, \quad \frac{g_2}{g_1} = \frac{y}{y_0}, \quad \frac{g_3}{g_2} = \frac{z}{z_0}, \quad \frac{g}{g_3} = \frac{t}{t_0}$$

が成り立つから，これより

$$g = xyzt \times \frac{g_0}{x_0 y_0 z_0 t_0}$$

が従う．

しかしながらこの証明は，諸変数に与えられた値からなる補助の諸系が，g が定義されるそれの族 F の外に出ないことを仮定している；この条件は不可欠ではないが，だが変数の初めの値 x_0, y_0, z_0, t_0 と全部異なっている F の任意の x, y, z, t へ，F の外に出ることなしに，それぞれ一つの変数だけを変えるという仕方で移りうることは**絶対必要**である．よって各変数が単独で変わりうることが必要で，このことは，例えば，x が絶えず y に等しいとか，

x と y が比例する二つの量であるとかを排除する．

　上の定理は代数学の初等的定理である；**それはなんら量にかかわることではない**．まず初めに直六面体という古典的例を思い浮かべてみよう．これらの物体の中で与えられた長さの二辺を持つものからなる部分族に対しては，第三辺の長さは体積に比例する量であって，したがってこの代数学の定理を，体積を g，諸辺の長さを x, y, z とする直六面体の族全体に適用することができる．しかし x, y, z はこの族全体に対する量ではない（§ 90 を参照）．

　より一般的に言って，上述の定理を数 g, x, y, z, t に適用できるときは，少なくともその中の一つは，議論される物体族に対する量ではない．なぜなら，**物体族 F に関する諸量 x, y, z, t によって定まる F に定義される量 g は，諸量の一つ x，または y，または z，または t に比例するものに限る**からである．これを証明するのに，上でやったように，F の一つの物体から他の物体へ，その都度量 x, y, z, t の一つだけを変わらせ，かつこのようにして得られる物体の部分族に対しては条件 c) が成り立つような諸変換の系列によって移りうると仮定しよう．そのときは，例えば t だけを変わらせるそのような一変換において，g は一定であるか，すなわち t に依らないか，さもなければ g は t に比例する．もし g が x, y, z, t に実質的に依存するならば，g は前の定理により $Cxyzt$ の形のものであろう；ところでそれは不可能なのである，というのは

$$C(\xi+x)(\eta+y)(\zeta+z)(\tau+t) = C\xi\eta\zeta t + Cxyzt$$

は正の数のいかなる系に対しても成立しないからである．よって g は四つの変数 x, y, z, t に実質的には依存しない．同様に，それらの変数の三つにも，また二つにも依存しない．これで命題が証明された．

　これらの定理の適用にあたっては，いくら注意してもしすぎではない；**特に，族 F が十分に広大で一つの物体から他の物体への移行に関する条件が確かに満足されることを確かめるがよい**．許容したく思われたことに反して，しばしばそうでなかったことが起る，とりわけ F を構成する物体がただ有限個数のパラメタに依存するときである．このゆえに，他のいくつかの量に比例す

る量についてのいわゆる定理と称するものの古典的陳述と証明が承認し難いのである；実際，もしそのような場合に，上の諸定理を適用したならば，全く逆説的な結論に達しうるだろう．

　例えば，物質的曲線でその線密度が曲線上一つの方向へつねに増加するものを考えよう．一つの弧の長さ l とその質量 m はそれを決定するのに十分である；したがって，この弧に付与される他の量 g はどれもみな l によってまた m によって決定される，それで上に述べたことにより，l にまたは m に比例するであろう．かくして，一つの与えられた平面上への弧の射影の長さ，この弧の温度を $1°$ だけ上昇させるに必要な熱量は，弧の長さにまたは弧の質量に比例するとはっきり言えるだろう！

VII 積分法と微分法

94 序論．量（物体関数）と導来量（点関数）　前章を構成している量の理論は，コーシーの，彼が随伴量と呼んだものに関する研究により，またやがて面積，体積，測度の概念を解明することになった研究により，さらにまた線形汎関数の演算に関する研究により準備された；しかしながらそれが多数の研究者の協力によって決定的に建設されることになったのは，最も一般な関数の積分法に関連してであった．このことは驚くにあたらない，というのは，当初から，微分積分学と量の理論はさる共通目標を持っていると考えられたからである．他方において，最も一般的な場合，すなわち最も数少ない諸前提から出発する場合に身を置くと，その問題に本質的で根底的なこと以外は論じられないし，またその出発点を解明する機会ともなるであろう．量についてのこの基本的理論を提供したことは，要するに，不連続関数の積分法に関する研究結果の中で，おそらく最も実体的なものであろう．

今われわれが身を置いている教育的立場からすれば，量の理論は積分法と微分法の演算の提示に影響を及ぼすに違いない．以下に概説しようとする説明法は，一般的意味におけるこれらの汎関数的演算の話を初めて耳にする学生たちを目あてになされる；以前の諸節のあるもの（§72, 75 から 77, 82）は他の理由から大学の同じ学生たちに与えられる教育に関係するものであった．われわれはほとんど基礎事項に限ることにして，この説明法の発端だけを指示しよう．実際の教授にあたっては，形式に関して十分注意する必要があろう，例えば，初手から n 次元空間に取組まないことである．

われわれは物理学者によって考察された数の中で，あるものは点に付与され，あるものは広がりのある物体に付与されるのを見た．これから二つの数学的概念：一個または数個の変数の関数と量とが生ずる．それらが物理学的に決定可

能である限り，これらの数は，実際上判別不可能な二つの点または二つの物体には同一の数が付与されるという，ある連続性を備えている．われわれはまずこれらの物理学的事実を純論理学的陳述に翻訳せねばならないだろう．

われわれはまた，物理学者が自分の決定した数をどんなに使用するかを調べねばならないだろう，そして，そのためには，物理学者が**導来量**と呼んでいるものに注意を向けなければならない．

一つの物体 C を考えよう．物理学者はこれに**質量** M，**体積** V，および**密度**（または平均密度）δ を付与する．初めの二数は別々に実験的に決定され，第三のものは定義式

$$\delta = M/V$$

によって，それらから算術的に導かれる．これらの数の相違を強調するために，質量と体積は直接測定可能な量であり，密度は導来量であるという．前の文章の中で，量という語が，質量および体積に適用されるときは，（前章の意味で）正しく用いられているが，密度に対しては正しく用いられていないことが注目されよう．例えば，一つの物体を二つの部分物体に分割するとき，物体全体の密度は部分物体の密度の和でないことは明らかである．よって，われわれは量という語のこの使用を避けよう．

M と V が決定されるには，質量と体積の単位が選ばれていなければならない．だが δ に対してはいかなる新しい選択もなしえない．これが密度の単位は導来単位であるといわれる意味である．一つの物体は，特に，もし $M=1$ かつ $V=1$ であるなら，1に等しいところの，したがって単位密度に等しい密度を持つであろう．これが次のような文の意味である．質量の単位がグラムで体積の単位が立方センチメートルのときは，密度の単位はグラム/立方センチメートルである．

物体の平均密度は，その物体を部分物体に細分したときその部分物体のすべてについてそれが同一であるとき，すなわち，物体が質量に関して等質であるとき，特に興味がある．そうでない場合には，物理学者は物体の各点 P における密度を定義する：それは P のまわりに切り取られた，十分小さくて実際

的に等質な物体の平均密度である．この密度を供給する操作を数学的に明確にすることが必要である，この操作がいわゆる **微分法** である．その逆の，V と δ とから出発して M を計算することを許す操作が，いわゆる **積分法** である．

話を手短かにするために，私はこれから必要になる k 次元幾何学の要点を概観した後，ただちに k 次元空間の場合を調べよう．

95　k 次元幾何学の概要　曲線の上，曲面の上，ないし普通の空間内では，点は一個，二個，三個の座標によって決定される．われわれは，類比によって，ある一定の順序に排列された k 個の数値の集合，$x_1, x_2, \cdots, x_k$，または簡略形で (x_i) を，k 次元空間の点と呼ぼう．x_i の値は座標と呼ばれる．これらの座標が直角座標といわれるのは，ただ単に式

$$\sqrt{\sum_{i=1}^{k}(x_i - x_i')^2}$$

が二点 (x_i), (x_i') の間の距離と呼ばれることがいい表わされるにすぎない．ここではもっぱら直角座標を使用しよう．

そのとき式

$$X_i = \alpha_i + \sum_{j=1}^{k} a_i{}^j x_j, \quad (i=1, \cdots, k)$$

は，(x_i) から (x_i') への距離が常に (X_i) から (X_i') への距離に等しいとき，直角座標 (x_i) から直角座標 (X_i) への変更式と呼ばれる．簡単な計算は，直交条件を

$$\sum_{i=1}^{k}(a_i{}^j)^2 = 1; \quad \sum_{i=1}^{k} a_i{}^j a_i{}^{j'} = 0, \quad j \neq j'$$

の形に与える．

このことから，古典的なやり方で，$a_i{}^j$ の行列式 Δ が ± 1 に等しいこと，それから，x_i について解かれた座標変更式，そして最後に第二の形の直交条件が導かれる．

座標変更式はまた点変換を定義するものと考えることができる．それは $\Delta = 1$ のとき変位と呼ばれる．いまそうだと仮定しよう．

もし i のおのおのの値に対して $a_i{}^i=+1$ ならば，したがって直交条件により $i \neq j$ に対し $a_i{}^j=0$ であるならば，変位は平行移動と呼ばれる．

もし i の一つの値に対して $a_i{}^i=+1$ ならば，したがって i のその値に対して $a_i{}^j=0$ かつ $a_j{}^i=0$ であり，なおすべての α がゼロならば，変位は座標が $x_1=x_2=\cdots=x_{i-1}=x_{i+1}=\cdots=x_k=0$ なる軸，すなわち x_i 軸と呼ばれるもののまわりの回転と呼ばれる．

一つの変位によってたがいに対応する二つの図形は合同であるといわれる．ただちにわかるように，一つの図形から合同な図形へは，一つの平行移動と座標軸のまわりの回転によって移ることができる．

96 諸領域の定義　　不等式の系

$$a_1 \leqq x_1 \leqq b_1,$$
$$a_2(x_1) \leqq x_2 \leqq b_2(x_1),$$
$$a_3(x_1, x_2) \leqq x_3 \leqq b_3(x_1, x_2),$$
$$a_k(x_1, x_2, \cdots, x_{k-1}) \leqq x_k \leqq b_k(x_1, x_2, \cdots, x_{k-1})$$

は，両端にある関数が連続であるとき，**単純領域**と呼ばれるものを構成する点 (x_i) の一つの族を定義する．これらの関数がすべて（a_1 と b_1 のように）定数であるときは，k 個の**寸法**が k 個の差 b_i-a_i である**区間**が得られる．有限個の単純領域の合併によって，より一般な領域が得られる．しかしながら，こうして定義される領域の族は座標軸に，そしてこれらの軸の順序にさえ依存するであろう．座標軸に無関係な領域の族を得るために，次に述べるような点集合 E を**領域**ということに取りきめよう．任意の $\varepsilon>0$ に対して，上に述べた意味での一つの領域 D_ε または**有限個のそのような領域の集合** D_ε で，D_ε の点はすべて E に属しかつ D_ε に属さない E の諸点は D_ε の点から ε 以内の距離にあり，そのうえ，ε が ε' より小さいときは D_ε は $D_{\varepsilon'}$ を含むというものが見出しうる．

軸の一つの系から他の系へ移るときのこの領域族の不変性については，証明は容易なので，ここに力説はしない．私はただ，もし論理的に完全な説明法を

欲するなら，すでに言ったように三次元以下の空間に話を限ったとしても，そのような精確さと証明が不可欠であることを指摘しておきたい．

97 k **次求積可能領域の定義．k 次の面積とその存在条件**　上の領域族の中で，われわれはまず一つの特別な族，すなわち，面積を持つ平面領域を一般化した，次の諸公理を満足するものを隔離しよう．

αーー考える領域族の各領域 D に一つの正の数 $a_k(D)$ が付与される．

βーー二つの互いに外にある領域の合併によって作られる領域には，二つの部分領域に付与される二数の和が付与される．

γーー二つの合同な領域には同じ数が付与される．

δーーそれらの一つに付与される数が確定すれば，これらの数は数値的に完全に確定する．

これらの領域 D は k **次求積可能**である，簡略に**求積可能**であるといい，数 $a_k(D)$ は D の k **次の面積**と呼ばれる．

なおこの族はすべての区間および有限個の区間の合併によってできるすべての領域を含むものとしたい．

いま区間 $I_0, I_1, I_2, \cdots$ から成る完全網目 T を考えよう；ここに区間 I_p は e_i を整数として，不等式系

$$\frac{e_i}{10^p} \leqq x_i \leqq \frac{e_i+1}{10^p} (i=1, \cdots, k)$$

によって定義されるものとする．で，一つの領域 E が与えられたとき，そのすべての点が E に属するような区間 I_p の個数を数え，その数を n_p とする．また区間 I_p で E に属する点を持つものの個数を数え，その数を N_p としよう．

するともしすべての I_0 に共通な k 次の面積が1であれば，I_p のそれは必然的に $1/10^{kp}$ で，E のそれは，もし存在するならば，

$$n_p/10^{kp} \quad と \quad N_p/10^{kp}$$

の間の値である．

また，

$$\frac{n_p}{10^{kp}} \leqq \frac{n_{p+1}}{10^{k(p+1)}} \leqq \frac{N_{p+1}}{10^{k(p+1)}} \leqq \frac{N_p}{10^{kp}}$$

が成り立つ．よって $1/p$ がゼロに向かうとき $(N_p-n_p)/10^{kp}$ がゼロに向かうならば，E の k 次の面積は

$$n_p/10^{kp} \quad と \quad N_p/10^{kp}$$

の共通極限でしかありえない．

この状位が起るときに，E は k **次求積可能**であるといわれるのであって，その極限が $a_k(E)$ と記される．

98 k 次の面積が諸公理を満たすこと

今やわれわれは第 III 章の定義に立ち戻ったばかりである；第 III 章で a_2 に対してやったように，a_k が，条件 α と δ を満たすことは明白だが，β と γ をも満たすことを示す必要がある．

区間 I_p で上に述べた N_p 個の中に数えられるが n_p 個の中に数えられないものは，E に属する点と E に属さない点との両方を同時に含むものである，よってそれらは境界点を含むものである（(X_i) が E の境界点とは，任意の $\varepsilon>0$ に対して，区間 $X_i-\varepsilon \leqq x_i \leqq X_i+\varepsilon$ が E に属する点と E に属さない点とを含むことである）．§27 におけるように，このことから，命題 β も，また，有限個の他の領域の合併によって作られる領域が，その成分領域が k 次求積可能である限りつねに k 次求積可能であることも従う．

命題 γ については，それが $k-1$ 次に対し成り立つと仮定して帰納的に進むとよかろう；第 IV 章で a_2 から a_3 へ移るために述べられたことが，一語一語繰り返せるであろう．また聴講者の年齢が許すときは，次のように，積分法の演算への道を開くところの，あまり初等的でない推論をやってみせることもできよう．

99 単純領域の求積可能性

以下において k 次元空間のあらゆる単純領域が k 次求積可能であることを，数 $k-1$ に対して同じ性質がすでに確立されたと仮定することによって，証明しよう．

E は前に書かれた k 個の二重不等式によって定義される単純領域，E' はその初めの $k-1$ 個の二重不等式によって定義される $k-1$ 次元の単純領域としよう．E' は座標空間 $x_1, x_2, \cdots, x_{k-1}$ 上への E の射影と呼ばれる．

前に用いた区間 I_p は同様に射影を持つが，それは考える座標空間において $k-1$ 次の面積を評価するのに用いる網目 T' の区間 I_p' である．したがってそれらの I_p' は，E' に対し数 n_p' と N_p' で，p が限りなく増大するとき，

$$a_{k-1}(E') - \frac{n_p'}{10^{(k-1)p}} \quad と \quad \frac{N_p'}{10^{(k-1)p}} - a_{k-1}(E')$$

がゼロに向かうようなものを提供する．

諸 I_p は E に対し数 n_p と N_p を与える．n_p 個または N_p 個の中に数えられるすべての I_p を考えると，それらは二つの領域 $\underline{E}_p$ と $\overline{E}_p$ をなす．同じ射影 I_p' を持ちかつ $\underline{E}_p$ の部分をなすものの全体は次のような一つの区間 J_p を作る；その初めの $k-1$ 個の寸法は $1/10^p$ で，その第 k 番目の寸法は

$$b_k(x_1^0, x_2^0, \cdots, x_{k-1}^0) - a_k(x_1^0, x_2^0, \cdots, x_{k-1}^0)$$

とたかだか η_p だけ異なる，ここに $x_1^0, x_2^0, \cdots, x_{k-1}^0$ は上の I_p' の中に任意にとられた一点である；η_p は p が限りなく増大するときゼロに向かうものである．I_p' についてはそれは $a_{k-1}(E')$ の過小近似値を得るのに用いられる n_p' 個の区間の任意の一つである．

そのような一つの区間 I_p' に対して，$\overline{E}_p$ の区間 I_p の中でその射影がこの I_p' であるものは，無限小 η_p が他の ζ_p によって取り替えられれば，類比な結果を提供する．だが，そのほかに，$\overline{E}_p$ は，諸区間 I_p の中でその射影が N_p' 個には含まれるが n_p' 個には含まれないものを含んでいる．しかも一つの同じ I_p' を射影に持つものはなお，M を

$$b_k(x_1, x_2, \cdots, x_{k-1}) - a_k(x_1, x_2, \cdots, x_{k-1})$$

の最大値とするとき，第 k 番目の寸法がたかだか $M+\xi_p$ である一つの区間をつくる．よって

$$\frac{N_p - n_p}{10^{kp}} \leq \sum \frac{1}{10^{(k-1)p}}(\eta_p + \zeta_p) + \sum \frac{1}{10^{(k-1)p}}(M + \xi_p)$$

が成り立つ，ただしこの二つの総和はいま考察したばかりの二種類の区間 I_p'

についてとられる．ところで上式から

$$\frac{N_p - n_p}{10^{kp}} \leq a_{k-1}(E')(\eta_p + \zeta_p) + (M + \xi_p)\frac{N_p' - n_p'}{10^{(k-1)p}}$$

が得られる．この不等式において，右辺は p が増大するときゼロに向かう．これで定理は証明された．

さらに，b_k と a_k が一定のとき（x_k 軸に平行な母線を持つ角柱領域の場合）は，J_p の第 k 番目の寸法は $\eta_p + \zeta_p$ は別として一定で，$a_k(J_p)$ の和は

$$a_k(E) = (b_k - a_k) \times a_{k-1}(E')$$

なる値を与える．

100 任意の求積可能領域の面積が公理 γ を満足すること　なお上のことから，そのような角柱領域が任意の平行移動によっても x_k 軸のまわりの任意の回転によっても変わらない k 次の面積を持つことが従う．この結果を k 次の任意の求積可能な領域 E に拡張しよう．

$a_k(E)$ の過小な（もしくは過大な）近似値を供給する n_p 個（もしくは N_p 個）の区間 I_p の助けによって図形 $\underline{E}_p$（もしくは $\overline{E}_p$）を作ろう．平行移動または x_k 軸のまわりの回転は，これらの図形を，I_p の像によって作られる合同な図形 $\underline{\mathcal{E}}_p, \overline{\mathcal{E}}_p$ に変換する，ここに I_p の像はもはや一般に区間ではないが，しかし k 次求積可能であってつねに $1/10^{kp}$ に等しい a_k を持つ．よって，$\underline{\mathcal{E}}_p$ および $\overline{\mathcal{E}}_p$ は $\underline{E}_p$ および $\overline{E}_p$ と同じ a_k を持つ；そして $a_k(\overline{E}_p) - a_k(\underline{E}_p)$ は p が増大するときゼロに向かうので，$a_k(\overline{\mathcal{E}}_p) - a_k(\underline{\mathcal{E}}_p)$ についても同様である，よって E の像 $\mathcal{E}$ は求積可能である．そのうえ，その a_k は $a_k(\underline{\mathcal{E}}_p)$ の，したがって $a_k(\underline{E}_p)$ の極限である；$a_k(\mathcal{E}) = a_k(E)$ が成り立つのである．

こうして k 次の面積の定義は正当化された，なぜなら一つの領域から合同な領域へ，上に述べた性格の一連の変位により常に移れるからである．

以下において取り扱うのは，ただ一つの興味あるものというわけではないが，もっぱら求積可能な領域の族である．

101 面積の連続性　上の k 次の面積の定義は，この面積が実験的に得ら

れうることをもたらす連続性を浮彫にする；一つの領域 E にわれわれは諸区間 I_p から構成される二つの図形 $\underline{E_p}$ と $\overline{E}_p$ を付随させた；q を固定したとき，$\overline{E}_p$ に，$\overline{E}_p$ の点を含むが全体として $\overline{E}_p$ には含まれないようなすべての I_{p+q} を付加しよう．もし $\overline{E}_p$ が一つの I_p に縮退したならば，これらの付加される I_{p+q} の全部の k 次の面積は

$$\left[\frac{1}{10^p}+\frac{2}{10^{p+q}}\right]^k - \left(\frac{1}{10^p}\right)^k = a_k(I_p)\cdot\left\{\left(1+\frac{2}{10^q}\right)^k - 1\right\}$$

であろう．

よって，任意の $\overline{E}_p$ の場合は，付加される I_{p+q} の全体はたかだか

$$a_k(\overline{E}_p)\cdot\left\{\left(1+\frac{2}{10^q}\right)^k - 1\right\}$$

に等しい k 次の面積を持つ．

よって十分大きな q に対して図形 $\overline{\overline{E}}_p$ で $a_k(\overline{\overline{E}}_p)$ が $a_k(\overline{E}_p)$ を望む限り少量だけ超過するようなもの，したがってもし E が求積可能ならば，十分大きな p に対して $a_k(E)$ を望む限り少量だけ超過するようなものが得られるだろう．同様に，q を固定したとき，$\underline{E_p}$ から E の内部に含まれ $\underline{E_p}$ の境界点を含むようなすべての I_{p+q} を取り去るならば，図形 $\underline{\underline{E}}_p$ で，十分大きな p と q に対して，望む限り $a_k(E)$ に近い k 次の面積を持つものが，得られるだろう．

そのうえ，E の境界点を含む任意の I_{p+q} は，$\overline{\overline{E}}_p$ の部分をなすがどれ一つとして $\underline{\underline{E}}_p$ には属さない[1]．

いま E に向かって近づく変化する求積可能な領域 E_v を考えよう；すなわち，諸条件はあの極限を調べたときのそれらと十分わずか異なるのだから，E_v は厳密な意味において E をその内部に含む任意に選ばれた領域に（したがって $\overline{\overline{E}}_p$ に）含まれ，一方厳密な意味において E に含まれる領域を（したがって $\underline{\underline{E}}_p$ を）含む．そのときは

$$a_k(\underline{\underline{E}}_p) \leq a_k(E_v) \leq a_k(\overline{\overline{E}}_p)$$

---

[1] $\overline{\overline{E}}_p$ と $\underline{\underline{E}}_p$ とを考察する必要性は，E の境界点を含むすべての I_p は必ずしも $\overline{E}_p$ の部分をなさない（E が集合論の意味において閉じているとは仮定されていないから）ことと，それらの中には $\underline{E_p}$ の部分をなすものがあるかもしれないということからの結果である．

が成り立つ.

よって，求積可能な領域 E が求積可能な領域 E_v の極限であるならば，$a_k(E)$ は $a_k(E_v)$ の極限である.

102 求積可能領域 $\varDelta$ の加法的関数 $f(\varDelta)$ これから領域の関数を考察しよう；変数の役目を演ずるものは，求積可能な領域であるわけだ．これらの各領域 $\varDelta$ に，一数 $f(\varDelta)$ が付与されると仮定しよう，それが領域の関数なのである．そのうえ，この関数が**加法的**なこと，すなわち，$\varDelta$ を二つの求積可能な領域 $\varDelta_1, \varDelta_2$ に分割したならば

$$f(\varDelta)=f(\varDelta_1)+f(\varDelta_2)$$

が成り立つことを仮定しよう．

よってこれらの数 $f(\varDelta)$ は条件 β を満足する；もしも，そのうえに，それらが正であったなら，これはいろいろな求積可能領域によって表わされる物体に付与される量であろう．それらの数が量となるのは，表わされる数が正の数となることだからである．現実の状態での物体の温度を $0°$ にもってくるために，それに与えるかそれから取り去るかしなければならない熱量は，このような一つの加法的関数である．

そのうえこれらの関数が**連続**であると仮定しよう．すなわち変わる $\varDelta_v$ が $\varDelta$ に向かって近づくならば，$f(\varDelta_v)$ は $f(\varDelta)$ に向かって近づくとしよう；$f(\varDelta)$ が実験的に決定されうるときは必然的に成立する条件であるわけだ．

この連続性の一つの結果は，$\varDelta_v$ のすべての寸法がゼロに近づくとき，言い替えれば $\varDelta_v$ が，その最大寸法がゼロに近づく変区間に含まれるとき，$f(\varDelta_v)$ がゼロに近づくということである．事実，もしそうでないならば，すべての寸法がゼロに近づく $\varDelta_v$ で，$f(\varDelta_v)$ が一つの数 $\varphi \neq 0$ に近づくようなものが取られうるだろう．そしてこのような $\varDelta_v$ の諸点に座標が (x_i^0) なる極限点 P を持たせうるであろう．そのときは，必要ならば $\varDelta_v$ を細分することにより，上に指示された諸性質を保存するほかに，あらゆる i に対して，それのすべての点が

$$x_i \leqq x_i{}^0 \quad \text{または} \quad x_i \geqq x_i{}^0$$

を満足すると仮定できよう．

いま，おのおのの i に対し合致するのは第一の不等式であると考え，D はそれに対して P が極限点であり D のすべての点が P の座標より大きい座標を持つような一つの領域としよう．そのときは領域 $D \cup \varDelta_v$ は極限として D を持つのに，$f(D \cup \varDelta_v)$ は $f(D)$ に向かって近づかず，$f(D)+\varphi$ に近づくことになろう．

ここに考察した領域関数と量とのこの性質は，それらを点関数からきっぱりと区別する；もし $\varDelta$ を一点 P に収縮するようにすれば，$f(\varDelta)$ はゼロに近づき，P における密度や P における比熱のように，点 P における関数値には近づかないのである．さてこれから物理学者の導来量に相当するこれらの点関数を求めることにしよう．

103 領域関数 $f(\varDelta)$ の正の領域関数 $V(\varDelta)$ に関する導来数 一つの関数 $f(\varDelta)$ と一つの連続な量 $V(\varDelta)$，すなわち領域の連続な加法的関数で，そのうえ正であるものを考察しよう．商 $f(\varDelta)/V(\varDelta)$ は意味を持つ．それを $\varDelta$ における V に関する f の平均導来数と呼ぼう．すべての寸法において $\varDelta$ を限りなく小さくするが，つねに点 P を含むものとしよう．もしこの諸条件のもとでこの比が定まった極限 $\varphi(\mathrm{P})$ に近づくならば，**それを P における V に関する f の導来数と言う**．それは

$$\frac{df}{dV}(\mathrm{P})=\varphi(\mathrm{P})$$

と記される．

導関数のこの定義自体がそれを算出する計算法を暗示する；導来法（微分法）という演算は上のような比の極限の計算なのである．最も興味ある場合で，これから調べようとする唯一の場合は，この比が一様にその極限に近づく場合，すなわち，$f(\varDelta)/V(\varDelta)$ と $\varphi(\mathrm{P})$ との差が，絶対値において，任意に与えられた正数 ε よりも小さいことが，k 個の寸法がたかだか η に等しいような区間の中に $\varDelta$ が含まれる限りつねに成り立つ場合である，ただし η は ε に依

存するが P には依存せず ε とともにゼロに向かう数である[1]．よって，P が点 $(x_i{}^0)$ のとき，もし $\varDelta$ として区間

$$x_i{}^0 - h \leqq x_i \leqq x_i{}^0 + h, \quad (i = 1, \cdots, k)$$

を選ぶならば，この比は P の連続関数であって，よって h がゼロに近づくときの比の極限は P の連続関数であろう；で $\varphi(P)$ はこのとき連続である．増分比 $f(\varDelta)/V(\varDelta)$ が一様に $\varphi(P)$ に近づくとき，$\varphi(P)$ は**一様収束性の導来数**[2]であるといおう．

このことが成り立つとき，この比は，$\varDelta$ のすべての寸法が十分小さく取られる限り，有界であり，かつ他方において，それは，より大きいがしかし考察している**空間の有界な部分の中に取られる**任意の $\varDelta$ に対して有界だから，$f(\varDelta)/V(\varDelta)$ は考えるすべての $\varDelta$ に対し絶対値において有界である．それで一定の正数 M があって

$$|f(\varDelta)| < MV(\varDelta)$$

が成り立つ．このとき関数 f は V に関する導来数が有界であるという．

特に，上記の不等式が $V(\varDelta)$ として $a_k(\varDelta)$ を取るとき真ならば，すなわちもしすべての $\varDelta$ に対して

$$|f(\varDelta)| < K a_k(\varDelta)$$

が成り立つならば，関数 $f(\varDelta)$ は**有界な導来数**のものであるといわれる．これまでに提示された関数 $f(\varDelta)$ の物理学的な諸例が，有界な導来数を持つ関数を供給することは明らかである．このことは明らかに，これらの関数の連続性を含蓄する．

104 連続な点関数 $\varphi(P)$ の $V(\varDelta)$ に関する $\varDelta$ の上に取られた積分 さて積分の問題を述べよう．**連続な点関数 $\varphi(P)$ と正値，加法的，かつ導来数が有界な領域関数 $V(\varDelta)$ が与えられたとき，$\varphi(P)$ を V に関する導来数として**

---

[1] 実際には，$k=1$ のときを除けば，$f(\varDelta)/V(\varDelta)$ のこの一様収束性は，すべての点 P に対するこの比の収束性からの必然的な結果である．これは，$k=1$ に対してさえも，もしこれと同じ仮定のもとではあるが，§96 の末尾の領域の一般定義を用いるならば，真である，そこでは連結性は要求されないからである．

[2] 実際は，導関数は連続であれば，一様収束性である．

持つような，加法的で導来数が有界な関数 $f(\varDelta)$ を求めよ；ただしこの導来数は一様収束性のものとする．

もし $\varDelta$ が有限個の区間 δ_i の合併であれば，必要とあればさらに細分することにより，それらの大きさが十分小さいとき，任意の i に対して，

$$\left|\frac{f(\delta_i)}{V(\delta_i)}-\varphi(\mathrm{P}_i)\right|<\varepsilon$$

が成り立つ，ここに P_i は δ_i の中に勝手に選ばれた点である．

そのときは，

$$f(\varDelta)=\sum f(\delta_i),\quad \sum|V(\delta_i)|=\sum V(\delta_i)=V(\varDelta)$$

であるから，

$$|f(\varDelta)-\sum\varphi(\mathrm{P}_i)V(\delta_i)|<\varepsilon V(\varDelta)$$

が成り立つ．

よって上の問題が可能であるならば，その解 $f(\varDelta)$ は一意であり，$f(\varDelta)$ は $\sum\varphi(\mathrm{P}_i)V(\delta_i)$ の極限である．

この極限が存在するかどうかを調べよう．$\varDelta$ の別な細分を考えれば，それは領域 $\delta_j{}'$ および点 $\mathrm{P}_j{}'$ を生ずる．δ, δ' の大きさが十分小さくて，これらの区間のおのおのにおける φ の変化が ε より小であるとして，この仮定のもとで，差

$$\sum\varphi(\mathrm{P}_i)V(\delta_i)-\sum\varphi(\mathrm{P}_j{}')V(\delta_j{}')$$

を評価しよう．

δ'' を，δ_i および $\delta_j{}'$ を定義する不等式から，それらを合成してできる区間としよう．各 δ_i および各 $\delta_j{}'$ は δ'' の和であって，もし

$$\delta_i=\delta_\alpha{}''+\delta_\beta{}''+\cdots+\delta_\lambda{}''$$

であるならば，また次式が成り立つ．

$$V(\delta_i)=V(\delta_\alpha{}'')+V(\delta_\beta{}'')+\cdots+V(\delta_\lambda{}'').$$

評価すべき差の中の $V(\delta_i)$ および $V(\delta_j{}')$ に対してこの変換を行うと，これは δ'' に関する和の形

$$\sum[\varphi(\mathrm{P}_i)-\varphi(\mathrm{P}_j{}')]V(\delta_\kappa{}'')$$

になる．

このように δ_ε'' にあてがわれた $\varphi(P_i)$ と $\varphi(P_j)$ とは，δ_ε'' の一点 P_ε における φ の値との差がそれぞれ ε 以下である．よって評価すべき差は，絶対値において，たかだか

$$\sum 2\varepsilon \times V(\delta_\varepsilon'') = 2\varepsilon V(\Delta)$$

である．

この値は ε とともにゼロにいく．よって和 $\sum \varphi(P_i) V(\delta_i)$ は考える Δ の細分に無関係な極限 $f(\Delta)$ を持つ．

あとは $f(\Delta)$ が命題の諸条件を満足するかどうかを調べねばならない；一度ですましてしまうため，得られた結果をまず任意の求積可能な領域 Δ に拡張しよう．われわれはそれが区間からなる変領域 Δ_v の極限であることを知っている．よって，$f(\Delta)$ が連続であることを希望するのだから，$f(\Delta)$ は $f(\Delta_v)$ の極限でなければならない．そして $f(\Delta_v)$ は一意であるから，$f(\Delta)$ は，もし存在するならば，一意である．$f(\Delta_v)$ が実際に極限を持つことを示そう．われわれはすでに区間からなる二つの領域 $\overline{\overline{\Delta}}$ と $\underline{\underline{\Delta}}$ で，Δ が厳密に前者の内部にあり，厳密に後者を含み，かつ $a_k(\overline{\overline{\Delta}} - \underline{\underline{\Delta}})$ が望む限り小さいようなものが見出されることを見た．そうすれば，Δ に向う Δ_v は遂には $\overline{\overline{\Delta}}$ に含まれ，$\underline{\underline{\Delta}}$ を含むようになる；そのような二つの領域を Δ_v, Δ_v' としよう．それらの共通部分を Δ'' とし，$\Delta_v - \Delta'' = \Lambda$, $\Delta_v' - \Delta'' = \Lambda'$ とおくと，Λ と Λ' は $\overline{\overline{\Delta}} - \underline{\underline{\Delta}}$ の部分をなすから，それらは $a_k(\overline{\overline{\Delta}} - \underline{\underline{\Delta}})$ より小さな k 次の面積を持つものである．値

$$f(\Delta_v) - f(\Delta_v') = [f(\Delta'') + f(\Lambda)] - [f(\Delta'') + f(\Lambda')]$$
$$= f(\Lambda) - f(\Lambda')$$

を見積ってみよう．

Λ は有限個の区間からなっているから，$f(\Lambda)$ は一つの和 $\sum \varphi(P_z) V(\delta_z)$ として表わされる．B を $|\varphi|$ の上限とすれば，この和は，絶対値においてたかだか

$$B \sum V(\delta_z) = BV(\Lambda) \leq BKa_k(\Lambda)$$

で，ここに K は一定数である．それゆえ

$$|f(\Delta_v)-f(\Delta_v{}')|\leq 2BKa_k(\overline{\overline{\Delta}}-\underline{\underline{\Delta}})$$

であって，$f(\Delta_v)$ は一つの極限に向かうことがわかる．この極限を $f(\Delta)$ とすればよい．

105 平均値の定理と有限増分の定理 われわれの積分の問題の解でありうる唯一のこの関数 $f(\Delta)$ は，常に，$a_k(\Delta)$ の近似値を与えるところの例の n_p 個または N_p 個の中に数えられる（δ_i の役割を演ずる）諸区間 I_p の上に取られた和 $\sum \varphi(\mathrm{P}_i) V(\delta_i)$ の極限として得ることができる．

このことから，$f(\Delta)$ が積分問題のすべての条件を確かに満足することを示してくれる $f(\Delta)$ の主要な性質が従う．

平均値の定理． m と M が Δ における $\varphi(\mathrm{P})$ の下限および上限であるならば，μ を m と M の間の一数として

$$f(\Delta)=\mu V(\Delta)$$

が成り立つ．実際，$f(\Delta)$ の近似値を，上に述べたように，n_p 個の区間 I_p の助けによって計算しよう；$\sum \varphi(\mathrm{P}_i) V(\delta_i)$ が，それぞれ，$mV(\Delta)$ および $MV(\Delta)$ に向うところの二つの値 $m\sum V(\delta_i)$ と $M\sum V(\delta_i)$ の間に含まれることがわかる．φ は P の連続関数だから，μ の値は Δ において φ の取る値の一つである，このことから次の命題がいえる．

有限増分の定理：

$$f(\Delta)=V(\Delta)\varphi(\pi),$$

ただし π は領域 Δ 内の適当に取られた一点である[1]．

106 $f(\Delta)$ が積分問題の解であることの証明．記号 $\int_\Delta \varphi(\mathrm{P})dV$ この定理から，B を考える有界領域における $|\varphi|$ の上限とし，有界な導来数を持つ $V(\Delta)$ が，この領域に対し

$$V(\Delta)<Ka_k(\Delta)$$

---

[1] $m=M$ でなければ，$\mu=\varphi(\pi)$ は m とも M とも異なることが容易に示されるであろう．

を成り立たせるものとすれば，
$$|f(\Delta)| < BKa_k(\Delta)$$
であることが従う；よって $f(\Delta)$ は導来数が有界のものである．

k 次求積可能な領域 Δ が同様に求積可能な二つの領域 Δ^1, Δ^2 に分割されるならば，Δ に関する n_p 区間 I_p は，Δ^1 および Δ^2 に関する $n_p{}^1, n_p{}^2$ 区間と，Δ の内点で Δ^1 および Δ^2 の境界点である点々を含む残りの区間 R とに分類される，このことからこれらの I_p を δ_i に用いることにより
$$\sum \varphi(\mathrm{P}_i)V(\delta_i) = \sum^{\Delta^1}\varphi(\mathrm{P}_i)V(\delta_i) + \sum^{\Delta^2}\varphi(\mathrm{P}_i)V(\delta_i) + \sum^{R}\varphi(\mathrm{P}_i)V(\delta_i)$$
と表わされる．

p が限りなく大になるとともに，初めの三つの和は $f(\Delta), f(\Delta^1), f(\Delta^2)$ に向う．最後の和は絶対値においてたかだか $BKa_k(R)$ で，この値はゼロに向う．よって $f(\Delta)$ は加法的関数である[1]．

なお有限増分の定理は
$$\frac{f(\Delta)}{V(\Delta)} - \varphi(\mathrm{P}) = \varphi(\pi) - \varphi(\mathrm{P})$$
を与える．よって Δ の大きさが十分小さくて，P から π への，すなわち Δ の一点から他の点への φ の変化が ε より小さいならば，上の左辺の値は ε より小さいことがわかる．

$f(\Delta)$ は V に関する導来数として $\varphi(\mathrm{P})$ を持ち，かつこの導来数は一様収束性のものである．

かくして，積分の問題を解くことの可能性が証明された；しかもその解が一意で和 $\sum \varphi(\mathrm{P}_i)V(\delta_i)$ の極限として与えられることが証明された，ただしここに δ_i は，互いに素で，求積可能で，その大きさがゼロに向かうとともに与えられた求積可能領域 Δ に向うところの領域を形成するものであり，P_i は同じ添数の δ_i の中に勝手に取られた点である．このことを思い出させるために，$\varphi(\mathrm{P})$ の $V(\Delta)$ に関する，Δ の上に取られた定積分と呼ぶところのその解を，記号

---

[1] このことは区間の和である Δ に対しては明らかで，われわれは今の場合にこのことを利用した．

$$\int_\varDelta \varphi(\mathrm{P})dV$$

によって表わす.

 $\varDelta$ を変化させることによって得られる,求積可能領域の加法的関数である $f(\varDelta)$ を,対応する不定積分という.

107 積分の多重積分による表現　定義から従う上の計算法は,実際にはあまり用いられないものである. 最もよく用いられるのは, $V(\delta)$ に関する積分をまず $a_k(\delta)$ による積分によって置き替える方法である. このことは容易である. というのは

$$\frac{f(\delta)}{a_k(\delta)}=\frac{f(\delta)}{V(\delta)}\times\frac{V(\delta)}{a_k(\delta)}$$

から

$$\frac{df}{da_k}(\mathrm{P})=\frac{df}{dV}(\mathrm{P})\times\frac{dV}{da_k}(\mathrm{P})=\varphi(\mathrm{P})\frac{dV}{da_k}(\mathrm{P})=\psi(\mathrm{P})$$

が従うからである. これは関数の関数の微分法に関する定理の一般化で,これより次の式が従う:

$$\int_\varDelta \varphi(\mathrm{P})dV=\int_\varDelta \varphi(\mathrm{P})\frac{dV}{da_k}(\mathrm{P})da_k=\int_\varDelta \psi(\mathrm{P})da_k.$$

 a_k に関する積分は, k 次の多重積分と呼ばれる.

 この k 次の積分を計算することを学べば十分である. この計算は累次法によって行われる,少なくとも単純領域の場合にそうで,いまはこの場合に制限することができる,というのは, E がどんな求積可能領域であっても,前に $\overline{\overline{E}}_p$ と呼んだものはそれに限りなく近いもので, I_p であるところの,有限個の単純領域の和だからである; §101.

 $\varDelta$ を §96 の不等式系によって定義される単純領域と仮定して, $\int_\varDelta \varphi(\mathrm{P})da_k$ を調べよう,そして $\varDelta(A,B)$ を $\varDelta$ を定義する第一番目の不等式を

$$A\leqq x_1\leqq B$$

で置き替えたとき得られるものとしよう.

 $S(X_1)$ を $\varDelta$ の $x_1=X_1$ による断面としよう; すなわち $x_1=X_1$ としたとき

のあとの $k-1$ 個の二重不等式によって定義される $x_2, x_3, \cdots, x_k$ 空間の単純領域である．この領域 $S(X_1)$ は X_1 が変るとき連続的に変わる．

積分を $\varDelta(A, B)$ にわたって取ったとき得られる関数 $f[\varDelta(A, B)]$ を調べよう；それは

$$A \leqq x_1 \leqq B$$

によって定義される一次元区間 ξ の関数 $F(\xi)$ と考えられる．

この関数は明らかに加法的である．その近似値を $\varDelta(A, B)$ 内に少なくとも一点を持つ区間 I_p の助けによって計算しよう．この近似値の絶対値は，M を $\varphi(\mathrm{P})$ の上限とし，$\overline{\varDelta_p(A, B)}$ を，以前に，§99 で，$\overline{E}_p$ が作られたと同様に作られたものとするならば，

$$\sum |\varphi(\mathrm{P}_i)| a_k(\delta_i) \leqq M a_k[\overline{\varDelta_p(A, B)}]$$

なる形の式によって上から押えられる．ところで $\overline{\varDelta_p(A, B)}$ を作っているすべての I_p は，$x_2, x_3, \cdots, x_k$ の座標多様体の上に，この多様体の $I_p{}'$ で，$\varDelta$ の射影に属する点を持っているものによって形成される射影を持つ．よって A_{k-1} がこの最後の射影の $k-1$ 次の面積であるならば，同じ射影 $I_p{}'$ を持つ I_p の全体は，多くともその最初の寸法がたかだか $B-A+2/10^p$ である区間 J_p を形成するから，上に見出された上限は，$MA_{k-1}(B-A)$ を任意の小量だけ超過する．そして $B-A$ は ξ の一次の面積だから，$F(\xi)$ の増分商は，絶対値において MA_{k-1} で押えられることがわかる；すなわち $F(\xi)$ は導来数が有界な関数である．

108 積分の累次積分による計算 点 $x_1 = A$ における $F(\xi)$ の導来数を求めるこの計算を精密ならしめよう．

そのため，十分高い添数 $p+q$ の区間 I' の助けによって二つの領域 $\underline{S(A)}$, $\overline{S(A)}$ を作ろう，ここに前者は $S(A)$ の中に厳密に含まれ，他方それ自身は厳密な意味で後者に含まれるものである，§101．そのときは，A に十分近い B に対しては，A から B へ変る X_1 に対する $S(X_1)$ は，$\overline{S(A)}$ の中に含まれ，$\underline{S(A)}$ を含む．区間 I_{p+q+r} の助けによって $F(\xi)$ の近似値を計算しよう．これ

らの区間は二種類が区別される：第一のものは $x_2, x_3, \cdots, x_k$ の上に $\underline{S(A)}$ に属する射影 I'_{p+q+r} を持つ；第二のものに対してはそれは $\overline{S(A)} - \underline{S(A)}$ に属する．第二のものの射影はたかだか $a_{k-1}[\overline{S(A)} - \underline{S(A)}]$ に等しい $k-1$ 次元の面積を持つ，それはいくらでも小さい量 ε であって，前にやったのと類比な計算を行えば，増分比 $F(\xi)/(B-A)$ に，絶対値において，たかだか $M\varepsilon$ に等しい寄与をなす；よってそれはいくらでも小さいものである．

他のものの寄与はどうだろうか？ 同じ射影 I'_{p+q+r} を持っている I_{p+q+r} のおのおのの中に特別な一点を取り，これらの点が $x_1 = A$ の上にすべて同じ射影 P' を持つものとする；これらの I_{p+q+r} は，増分比に

$$\frac{1}{B-A}[\varphi(P_{i_1})a_k(\delta_{i_1}) + \varphi(P_{i_2})a_k(\delta_{i_2}) + \cdots + \varphi(P_{i_m})a_k(\delta_{i_m})]$$

の形の寄与をなすわけである．

ところでこの値は $\varphi(P')a_{k-1}(I'_{p+q+r})$ との差が非常に小さい，なぜなら $\varphi(P_{i_j})$ は $\varphi(P')$ との差が任意に小さい η よりも小さくなるからで，それには B を A に十分近づけかつ r を十分大きく取る，すると区間 δ_{i_j} の全体，すなわち同じ射影 I'_{p+q+r} をもつ I_{p+q+r} の全体は，第一の寸法が $B-A$ との差がいくらで小さい一つの区間を形成するようになる．

かくして望む限りの近似において，増分比は

$$\sum \varphi(P_i') a_{k-1}(\delta_i')$$

となるであろう．

導来数は，もしこの値が考える諸条件のもので極限を持つなら，存在するであろう．ところでこの極限は知られる，それは

$$\int_{S(A)} \varphi(P) da_{k-1}$$

である，それゆえ $F(\xi)$ は

$$\frac{dF}{da_1} = \int_{S(A)} \varphi(P) da_{k-1}$$

なる導来数を持つ．

増分比の，その極限であるところの，この導来数への収束は，そのうえ一様

である，したがって次の式を得る．

$$F(\xi)=\int_{\xi}\Bigl[\int_{S(x_1)}\varphi(\mathrm{P})da_{k-1}\Bigr]da_1.$$

k 次の積分の計算は，$k-1$ 次の積分の単一積分の計算で置き替えられた．単一積分はなお，もし $A<B$ であるならば，

$$\int_{\xi}\kappa(\mathrm{P})da_1=\int_{A}^{B}\kappa(x_1)dx_1$$

と記される；これは区間 $A\leqq x_1\leqq B$ の測度（一次の面積）が変数 x_1 が受ける増分であることと，x_1 の値が P を決めることを思い出させるためである．

それゆえ得られた公式は，特に $A=a_1$, $B=b_1$ に対しては

$$f(\varDelta)=\int_{a_1}^{b_1}\Bigl[\int_{S(x_1)}\varphi(\mathrm{P})da_{k-1}\Bigr]dx_1$$

と書かれる．

これより逐次的に

$$f(\varDelta)=\int_{a_1}^{b_1}\Bigl\{\int_{a_2(x_1)}^{b_2(x_1)}\Bigl[\cdots\Bigl(\int_{a_k(x_1,x_2,\cdots,x_{k-1})}^{b_k(x_1,x_2,\cdots,x_{k-1})}\varphi(\mathrm{P})dx_k\Bigr)\cdots\Bigr]dx_2\Bigr\}dx_1$$

が書ける．

一方において，n 個の初めの積分記号を一まとめにし，あとの $k-n$ 個を一まとめにすれば，直接にも証明できる次式が書ける：

$$f(\varDelta)=\int_{\mathrm{P}_{1,2,\cdots,n}}\Bigl[\int_{S(x_1,x_2,\cdots,x_n)}\varphi(\mathrm{P})da_{k-n}\Bigr]da_n.$$

$\mathrm{P}_{1,2,\cdots,n}$ は座標空間 $x_1, x_2, \cdots, x_n$ への $\varDelta$ の射影である；$S(x_1, x_2, \cdots, x_n)$ は示されている座標空間に平行で点 P を通る空間による $\varDelta$ の断面である．いい替えれば $\varDelta$ を定義する n 個の初めの二重不等式は $\mathrm{P}_{1,2,\cdots,n}$ を定義するものであり，$x_1, x_2, \cdots, x_n$ を固定したときのあとの $k-n$ 個は $S(x_1, x_2, \cdots, x_n)$ を定義するものである．

これらの式は多重積分をより低い次数の積分によって評価すること，および一般的な仕方で，反復により推論することを許す．もし，特別に，$\varphi(\mathrm{P})\equiv 1$ とおけば，k 次の面積をより低い次数の面積に結ぶ式が得られる．このことから，特に，普通の意味での面積や体積の計算法が得られる．

109 続き．単一積分　よって単一積分を実行することを学べばよいわけである．

$$F(\xi)=\int_{A\leqq x\leqq B}\varphi(x)dx$$

を考えよう，これは二つの変数の関数 $\varPhi(A,B)$ とも見られる量である．F が加法的であることから，$A<B<C$ に対し

$$\varPhi(A,B)+\varPhi(B,C)=\varPhi(A,C)$$

の成り立つことが従う．それゆえ $0<A<B$ に対しては

$$F(\xi)=\varPhi(0,B)-\varPhi(0,A)$$

となる．

この式が $A<B<0$ および $A<0<B$ に対しても成り立つためには，$\varPhi(X,Y)=-\varPhi(Y,X)$ と置けば十分である；$\varPhi$ はもともとは第一の変数の値が第二の変数の値より小さいという仮定のもとでしか定義されなかったのだから，これは妥当な約束である．その結果，A および B の符号が何であろうと，A が B より小さい限り

$$\int_A^B\varphi(x)dx=\varPhi(0,B)-\varPhi(0,A)$$

が成り立つことになる．最後に，定義により

$$\int_A^B\varphi(x)dx+\int_B^A\varphi(x)dx=0$$

とすることにより，この最後の制限もなくせるだろう．

このようにして，今しがたやったように，マイナスの区間に対し $(A>B)$ $F(\xi)$ を定義するときは，さらに $F(\xi)$ は一変数の関数 $\varPhi(0,X)=\varPsi(X)$ に依存するだけとなる．F の微分可能性には，$\varPsi$ のどんな性質が対応するか．

$A<B$ に対しては，前に述べた有限増分の定理により

$$\frac{F(\xi)}{a_1(\xi)}=\varphi(X),\quad A<X<B$$

が成り立ち，また上に述べたことから

$$\frac{F(\xi)}{a_1(\xi)}=\frac{\varPsi(B)-\varPsi(A)}{B-A}$$

である．それゆえ

$$\frac{\Psi(B)-\Psi(A)}{B-A}=\varphi(X)$$

であって，$\Psi(X)$ が $\varphi(X)$ を導関数に持ち，しかも Ψ の増分比が一様にその導関数に向かうことがわかる[1]．

かくして，一変数の連続関数 $\varphi(X)$ はすべて原始関数を持つ；そのうえ，古典的な論法により，一つの定数を除いて決定される．よってもしそれらの一つ $\Psi_0(X)$ を知るならば

$$\Psi(0, X)=\Psi_0(X)+\text{const.}=\Psi_0(X)-\Psi_0(0)$$

が従い，これより

$$\int_A^B \varphi(x)dx=\Psi_0(B)-\Psi_0(A)$$

が書ける．

よって多重積分の計算は一変数の関数の原始関数の計算に帰せられた．

他方において，ただの一次元の場合には，領域したがってただの**一次元の区間の関数**が，前に述べたことにより，それが加法的であることとその導来数が連続であることとを知れば，前もって，求める関数が，導来数が有界でかつ一様収束性のものであることを知らなくて，決定されることを注意することは重要である．この関数は導関数の不定積分である．この注意は，それ自身はあまり重要ではないが，ここに採用したやり方の厳密性のためには，欠くことができないものである．

110 積分法における変数変更 われわれは積分法における変数変更と呼ばれている方法を，もちろん陰関数の理論と微分法における変数変更に関するすべての事柄が既知であると仮定して，手早く証明してみよう．

考える変数変更は点 (x_i) に点 (u_i) を対応させ，x_i の空間の領域 δ_x に u_i の空間の領域 δ_u を対応させる．もしも k 次の任意の求積可能な δ_x に求積可

---

[1] それゆえ私は一変数の関数の導関数と原始関数の概念は既知と仮定する，これらは中等教育の課程の部分をなすものである．

能な δ_u が対応し,またこの逆が成り立つならば,そのうえ比 $a_k(\delta_x)/a_k(\delta_u)$ および $a_k(\delta_u)/a_k(\delta_x)$ が一数 M によって押えられるならば,加法的で導来数が有界な関数 $f(\delta_x)$ は,δ_u の加法的で導来数が有界な関数と考えられるであろう,なぜなら

$$\frac{f(\delta_x)}{a_k(\delta_u)}=\frac{f(\delta_x)}{a_k(\delta_x)}\times\frac{a_k(\delta_x)}{a_k(\delta_u)}$$

が成り立つからである.もしも

$$f(\delta_x)=\int_{\delta_x}\varphi(\mathrm{P})d[a_k(\delta_x)]$$

であるならば,上の右辺の最初の比は一様に

$$\frac{d[f(\delta_x)]}{d[a_k(\delta_x)]}(\mathrm{P})=\varphi(\mathrm{P})$$

に向かう;それゆえもしも第二番目の比が一様に

$$\frac{d[a_k(\delta_x)]}{d[a_k(\delta_u)]}(\mathrm{P})=\chi(\mathrm{P})$$

なる極限に向かうことが確立されたならば,左辺の比は一様に極限に向かい,したがって

$$f(\delta_x)=\int_{\delta_u}\varphi(\mathrm{P})\chi(\mathrm{P})d[a_k(\delta_u)]$$

を得るであろう.

この式は変数変更の問題を解く.より一般的には,この式はそれについて積分する関数の変更に応用される:

$$f(\varDelta)=\int_{\varDelta}\varphi(\mathrm{P})dV=\int_{\varDelta}\varphi(\mathrm{P})\frac{dV}{dV_1}(\mathrm{P})dV_1;$$

この解釈は §107 においてすでに見たものである.

変数変更の式としては,それは上になされた諸仮定が実際満足されていることを仮定している.まず仮定を $k=1$ について調べてみよう.

変数変更の式は $x=A(u)$ で,ここに $A'(u)$ は符号一定である.一つの区間には一つの区間が対応し,領域 δ_x としては区間だけしか考えないから,領域 δ_u の一次の求積可能性は問題でない.

もしも δ_x が (x_1, x_2) で δ_u が (u', u'') であるならば，

$$\frac{\delta[a_k(\delta_x)]}{\delta[a_k(\delta_u)]} = \frac{|x_1-x_2|}{|u'-u''|} = \left|\frac{A(u')-A(u'')}{u'-u''}\right|$$

である；よって増分比はそれの逆数とともに，一様に有界であり，そのうえ極限 $|A'(u)|$ に向かうことがわかる．

それゆえ次式が成り立つ：

$$\int_{\Delta_x}\varphi(x)dx=\int_{\Delta_u}\varphi[A(u)]\cdot|A'(u)|du.$$

絶対値の記号が $A'(u)$ がマイナスのとき，すなわち $x_1=A(u'')$, $x_2=A(u')$ であるときにのみ必要なことを注意しよう；それは変換が x 軸の正の方向を u 軸の負の方向に対応させるときであり，いうなれば，変換が方向を変えるときである．

$k>1$ としよう．x_k だけが式

$$x_k=A(x_1, x_2, \cdots, x_{k-1}, u_k)$$

によって変えられるとし，これにおいて $\partial A/\partial u_k$ が一定符号であると仮定しよう．そして

$$u_k=B(x_1, x_2, \cdots, x_{k-1}, x_k)$$

をその逆関数としよう．

§96 の不等式系によって定義される Δ_x には $k-1$ 個の初めの不等式と $B[x_1, x_2, \cdots, x_{k-1}, a_k(x_1, x_2, \cdots, x_{k-1})]$ と $B[x_1, x_2, \cdots, x_{k-1}, b_k(x_1, x_2, \cdots, x_{k-1})]$ の間にはさまれる u_k とによって定義される領域 Δ_u が対応する．B のこれらの値の第二番目が第一番目より大きいのは A'_{u_k} が正であるときでそのときに限る．小さい方を α_k，大きい方を β_k と呼ぼう．そのときには，座標多様体 $x_1, x_2, \cdots, x_{k-1}$ の上への Δ_x と Δ_u に共通な射影を D と呼び，d を D の任意の部分であるとすれば，

$$\int_{\Delta_x}\varphi(\mathrm{P})d[a_k(\delta_x)]=\int_D\left[\int_{a_k(x_1,x_2,\cdots,x_{k-1})}^{b_k(x_1,x_2,\cdots,x_{k-1})}\varphi(\mathrm{P})dx_k\right]d[a_{k-1}(d)]$$

が成り立つ．

これより，前の公式によって，これが次の値に等しいことが従う：

$$\int_D \Bigl[\int_{\alpha_k(x_1,x_2,\cdots,x_{k-1})}^{\beta_k(x_1,x_2,\cdots,x_{k-1})} \varphi(\mathrm{P})\cdot\Bigl|\frac{\partial A(x_1,x_2,\cdots,x_{k-1},u_k)}{\partial u_k}\Bigr|du_k\Bigr]d[a_{k-1}(d)]$$
$$=\int_{\varDelta_u}\varphi(\mathrm{P})\Bigl|\frac{\partial A}{\partial u_k}(\mathrm{P})\Bigr|d[a_k(\delta_u)].$$

このことは変数の順序 $x_1, x_2, \cdots, x_k$ に関して単純な領域についてのみ確立された；しかしながら任意の求積可能な領域 δ_x は，区間の和したがって単純領域の和によっていくらでも近く近似されるから，上式は一般的である．

なお**絶対値**の記号が，u の諸軸の正の向きと x の諸軸の正の向きの間に対応がないときにのみ必要なことを注意しよう．そしてそれがない場合，$k=1, 2$ または 3 のとき，向きの変化があると呼ぶから，一般な場合にも同じ表現を用いよう．

さて変更
$$x_i = A_i(u_1, u_2, \cdots, u_k), \quad (i=1, 2, \cdots, k)$$
を行うとしよう．

（ここには述べないが）古典的な諸条件が満されているとしよう．陰関数の定理の古典的証明は，変更を考える**有界**な領域が，適当な有限個の部分領域に分割されて，そのおのおのにおいては，各一個の変数だけの変更の k 個からなるような変数変更が**行われるようにできることを示す**[1]．

必要ならばもとの領域を分割することにして，これらの領域の一つの中にすっかり入っている領域で考えればよく，それを逐次に x_1 から u_1 に，x_2 から u_2 に，$\cdots$，x_k から u_k に移るものとしよう．式は
$$x_i = B_i(u_1, u_2, \cdots, u_i, x_{i+1}, \cdots, x_k), \quad (i=1, 2, \cdots, k)$$
または
$$u_i = C_i(u_1, u_2, \cdots, u_{i-1}, x_i, \cdots, x_k), \quad (i=1, 2, \cdots, k)$$

---

[1] 陰関数の定理を証明するには，任意の点のまわりに，必要ならば変数の二つの系における添数を並べ替えることにより，$\partial A_i/\partial u_j$ の行列式の第一行と第一列を除いたとき得られる小行列式がすべてゼロと異なるようにすることができるということを示す．よってこのことは各点のまわりの領域全体に対して成り立つ．本文に述べたのはそのような部分領域である．

ボレル-ルベーグの定理と呼ばれるものから明らかなことだが，それらが有限個であるということから，例えば A_i の二階導関数の存在を仮定することにより，より初等的に容易に証明されるであろう．

の形のものになるであろう．

変換すべき積分の中にこれらの k 個の変更がもたらす k 個の逐次の因数は，偏導関数

$$\left|\frac{\partial B_i}{\partial u_i}\right| = \frac{1}{\left|\frac{\partial C_i}{\partial x_i}\right|}$$

である．

ところで，C_i は $k-i+1$ 個の後の方の方程式 $x_i = A_i$ を $u_i, u_{i+1}, \cdots, u_k$ について解くことによって得られる，よって

$$\frac{\partial C_i}{\partial x_i} = \frac{\dfrac{D(A_{i+1}, \cdots, A_k)}{D(u_{i+1}, \cdots, u_k)}}{\dfrac{D(A_i, \cdots, A_k)}{D(u_i, \cdots, u_k)}} \quad (\mathrm{P})$$

である．したがって次式が成り立つ：

$$\int_{\Delta_x} \varphi(\mathrm{P}) d[a_k(\delta_x)] = \int_{\Delta_u} \varphi(\mathrm{P}) \left|\frac{D(A_1, \cdots, A_k)}{D(u_1, \cdots, u_k)}(\mathrm{P})\right| d[a_k(\delta_u)].$$

これが求める式である；Δ_x と Δ_u は与えられた諸式によって互いに対応する二つの領域である．

111 諸領域の向き　この最後の文を十分説明するために，しばらく立ち止まろう；というのは，上に主張した問題においては，実際には対応する諸領域がないからである．それゆえ §110 の冒頭の事柄を精しくしよう．

曲線または曲面あるいはもっと一般に**多様体**と呼ばれるもの：

$$X_j = X_j(x_1, x_2, \cdots, x_k), \quad (j=1, \cdots, m; \; m \geq k)$$

の上に切り取られた諸領域 D にわたって取られる一つの積分から出発するものとしよう，

X_j は，例えば直角座標であるところの，座標である，それは多様体の**曲線座標**とも呼ばれるパラメタ x_i と区別するために，**直線的座標**と呼ばれる．上の多様体は k 次元と呼ばれ，m 次元の空間の中に埋め込まれている．

この多様体の一点 P を考えよう；それは，仮定により，値 x_i の一組そして唯一の組によって与えられるのである．よってこれらの x_i を，x_i の k 次

元空間における直線的な，より正確には直角な座標，と解釈するならば，P の像点であるところの点 P_x が得られる．このことから多様体の領域 D に x_i 空間の領域 D_x が対応する．

さて今度は式
$$x_i = A_i(u_1, u_2, \cdots, u_k), \quad (i=1, 2, \cdots, k)$$
の助けによって曲線座標の変更を行おう．X_j は u_i の関数として表わされ，u_i 空間の点 P_u が P の新しい像点になる．P_x から P_u への移行は，中間的な P_x から P へ，P から P_u へ，によって定義される．それゆえ P_x と P_u の間に対応が成り立ち，与えられた式は，よってまた，x_i 空間から u_i 空間への変換で，このことから対応する諸領域が生ずる．

これらのことはすべて非常に平凡なことで，すべての A_i が線形である場合に以前に見た事柄と全く類比である：座標の変更の公式は点変換のそれでもある．この特別な場合には，この変換は，直角座標が問題の場合，変換の行列式が正であるとき，変位と呼ばれた．行列式が負のときには，**折り返しによる変換**に関することであるという，というのは変位を得るにはただ一つの座標の符号を変更すれば十分で，したがってこの呼び方の意味は，$k \leqq 3$ に対してすでになされた事柄と一致する．

これらの直線的座標の変換の中には二つの非常に単純なものがある；一つの座標の符号の変更と二つの座標の順序の交換である．一，二，三次元の空間に対してはこのとき，一つの向きから他の向きに移るという習慣になっている．われわれは一般な場合にもこのいい方を用いよう．

このようなわけで，一つの多様体の曲線座標系を選ぶことは，この多様体の上に一つの**向き**を選ぶことになる．曲線座標系を変更するときは，ものと座標の新しい座標に関する関数行列式が負であるか正であるかにしたがって，向きが変るかまたは変らないであろう．

このことが言われたので，領域 D に対して定義された関数は，領域 D_x に付随するものともあるいは D_u に付随するものとも考えうる；かくして，前の節において，各領域 δ に次々に関数 $a_k(\delta_x)$ および $a_k(\delta_u)$ が付随させられ

ることになった．積分 $\int_{\Delta} \varphi(\mathrm{P})dV$ は曲線座標が変えられてもその記法は変らない；しかし，使用するのが x_i 座標かそれとも u_i 座標かを思い起させようとするならば，それは次のように記されるだろう．

$$\int_{\Delta_x} \varphi(\mathrm{P}_x)d[V(\delta_x)] = \int_{\Delta_u} \varphi(\mathrm{P}_u)d[V(\delta_u)];$$

そしてこの式は，x_i をもってなされる計算から u_i をもってなされる計算への変換に関する諸公式，すなわち変数変更の諸公式が，また x_i 空間の領域 Δ_x から u_i 空間の領域 Δ_u への変換に関する諸公式でもある，ということをよく表わしている．これらの空間のおのおのの中に正と言われる一つの向きが選ばれている；それは，反対のことが言われない限り，座標の添数の順序そのものにより固定されるのである．

112 向きのある領域の上での積分の定義 かくして，前に述べたことから，次式の成り立つことが従う：

$$\int_{\Delta_x} \varphi(\mathrm{P})d[a_k(\delta_x)] = \int_{\Delta_u} \varphi(\mathrm{P}) \frac{D(A_1, \cdots, A_k)}{D(u_1, \cdots, u_k)}(\mathrm{P})d[a_k(\delta_u)],$$

ただし曲線座標の変更を定義すると考えられた諸公式が向きを保存するとして，あるいは変換の式と考えられた諸公式が空間 x_i および空間 u_i の正の向きを対応させるとしてである．

そうでないときは，次式が成り立つ：

$$\int_{\Delta_x} \varphi(\mathrm{P})d[a_k(\delta_x)] = \int_{\Delta_u} \varphi(\mathrm{P})(-1) \frac{D(A_1, \cdots, A_k)}{D(u_1, \cdots, u_k)}(\mathrm{P})d[a_k(\delta_u)].$$

これらの二つの公式は，もしも領域をそれを構成する点の集合としてのみならず，それにあてがわれた向きによっても区別するならば，ただ一つの式にまとめられるであろう．かくして，向きのついてない同じ領域 Δ に，それに正の向きまたは負の向きを与えるに応じて，向きを持つ領域 $\underset{+}{\Delta}$ または $\underset{-}{\Delta}$ を対応させよう．そのときは，曲線座標の変更を取り扱うにせよあるいは変換を取り扱うにせよ，常に次式を得るであろう：

VII 積分法と微分法 173

$$\int_{\underset{\rightarrow}{\Delta_x}} \varphi(\mathrm{P})d[a_k(\delta_x)] = \int_{\underset{\rightarrow}{\Delta_u}} \varphi(\mathrm{P})\frac{D(A_1,\cdots,A_k)}{D(u_1,\cdots,u_k)}(\mathrm{P})d[a_k(\delta_u)],$$

ここに向きを持つ二つの領域 $\underset{\rightarrow}{\Delta_x}, \underset{\rightarrow}{\Delta_u}$ は次のように置くという条件で，互いに対応するものである：

$$\int_{\underset{\rightarrow+}{\Delta}} \varphi(\mathrm{P})dV = \int_{\Delta} \varphi(\mathrm{P})dV,$$

$$\int_{\underset{\rightarrow+}{\Delta}} \varphi(\mathrm{P})dV + \int_{\underset{\rightarrow-}{\Delta}} \varphi(V)dV = 0.$$

この約束はただ一つの座標の場合に §109 においてなされたものである．この約束にほとんど必然的に他のものが付随する．上の等式にある二つの積分は，次のような和の極限である：

$$\sum \varphi(\mathrm{P}_i)V(\delta_i), \quad -\sum \varphi(\mathrm{P}_i)V(\delta_i) = \sum \varphi(\mathrm{P}_i)[-V(\delta_i)].$$

δ_i は Δ の細分によって生ずる；ただ第一式においては $\underset{\rightarrow+}{\Delta}$ が，第二式においては $\underset{\rightarrow-}{\Delta}$ が取り扱われる．そのときはこれら二つの和を同じ形

$$\sum \varphi(\mathrm{P}_i)V(\underset{\rightarrow}{\delta_i})$$

に書くのが自然である，ここに δ_i の向きは Δ の向きである．このことは

$$V(\underset{\rightarrow+}{\delta_i}) = V(\delta_i); \quad V(\underset{\rightarrow+}{\delta_i}) + V(\underset{\rightarrow-}{\delta_i}) = 0$$

と置くことに当る．

以上のことから次の新しい約束が生ずる：**向きのない諸領域に対して定義された加法的関数 $V(\delta)$ があると，それより上に述べた等式によって向きづけられた領域に対し定義される関数が導かれる．**

同時に，常に負な領域関数 $-V$ に関する $\varphi(\mathrm{P})$ の積分を定義した結果になる．もしも §103 および以後の節において $V>0$ を仮定したとすれば，それはただ増分比 $f(\Delta)/V(\Delta)$ が存在するためであった；このことは V を常に負と仮定しても全く同様に保証されたであろう．これまで述べてきた理論においてただいくつかの語，いくつかの不等式の向きを変えること，いくつかの絶対値記号を挿入することのみが必要となったであろう．これらのことを詳細にわた

って再び取りあげることは無用である；Δ が向きのない領域または向きのある領域のいずれにせよ，定義により，常に次式が成り立つように約束すれば十分なのである：

$$\int \varphi(\mathrm{P})dV + \int \varphi(\mathrm{P})d[-V] = 0.$$

もしも $V(\Delta)$ が二つの符号を取ることができたならば，これに反して，われわれは重要な変更を導入せねばならなかったであろう，というのは，ある Δ に対しては V に関する増分比が存在しないだろうから．しかし考える領域が有限個の適当な領域に分割できて，これらの領域の一つの中に含まれる諸領域に対しては V は一定符号を持つと仮定しよう．そのときは，領域 Δ の全体をこれらの諸領域の中に横たわる部分領域 $\Delta', \Delta'', \cdots$ に分割して

$$\int_\Delta = \int_{\Delta'} + \int_{\Delta''} + \cdots$$

と置こう．

このように定義された積分はこれまで述べた諸性質のほとんど全部を持つであろう．しかしながら有限増分の定理および平均値の定理はただ部分領域のみに適用すべきことになり，かつ部分領域の境界点においては不定積分を微分することは断念せねばならないであろう．それはそれとして，今や**積分は常に正とは限らない加法的領域関数に関して定義されかつ向きのある領域にわたって取られることになる**．

113 向きのある多様体の上の積分

$$x_i = F_i(u_1, u_2, \cdots, u_k), \quad (i = 1, 2, \cdots, n)$$

は n 次元空間の中に k 次元の多様体を定義するものとしよう．この多様体の一点にただ一組の数 u_i が対応すること，そしてこのことを陰関数の通常の定理によって確かめることができることを希望するので，われわれは諸数 $\partial F_i / \partial u_j$ の存在と連続性のほかに，これらの導関数で作られる行列の k 行 k 列の小行列式が全部は同時にゼロでないことを仮定しよう．そのときは，われわれがなした仮定のもとで，多様体の考える有界部分は，そのおのおのに対し n

個の直線的座標 x_i の中から適当に選ばれた k 個のものが多様体の曲線座標として用いられるような，有限個の部分の和である．もし一つの部分 R に対してそれが変数 $x_1, x_2, \cdots, x_k$ であるならば，

$$u_i = A_i(x_1, x_2, \cdots, x_k), \quad (i=1, 2, \cdots, k)$$

および

$$x_p = G_p(x_1, x_2, \cdots, x_k), \quad (p=k+1, k+2, \cdots, n)$$

が成り立つ．

われわれは多様体の諸領域 $\varDelta$ と u_i 空間の諸領域 $\varDelta_u$ との間に対応を持つ，そしてもし $\varDelta$ が多様体の考える部分 R の中にあるならば，それと空間 $x_1, x_2, \cdots, x_k$ の諸領域 $\varDelta_x$ との間に対応を持つであろう．そのうえ，これらの諸領域の向きの間に対応がある；もしも，仮定するわけだが，$\varDelta$ の正の向きが $\varDelta_u$ の正の向きに対応するならば，関数行列式

$$\frac{D(x_1, x_2, \cdots, x_k)}{D(u_1, u_2, \cdots, u_k)}$$

が正または負となるに応じて，$\varDelta_x$ の中に正または負の向きを持つであろう．

多様体の部分 R から部分 R_1 に移ろう；多様体の上の向きが一度選ばれれば，$\varDelta$ および $\varDelta_u$ の向きは変わらないであろう，しかし $\varDelta_x$ のそれはもし R と R_1 において関数行列式が異符号であるならば，変わるであろう．よって考える関数行列式

$$\frac{D(x_1, x_2, \cdots, x_k)}{D(u_1, u_2, \cdots, u_k)}$$

が例外的な諸点でしか符号を変えないで[1]，それらが多様体の部分をなさず，したがって全領域 D に対する積分 $\int_D \varphi(\mathrm{P}) d[a_k(\delta_u)]$ の計算では省かれるならば，次式が成り立つ：

$$\int_{\underset{\rightarrow}{D}} \varphi(\mathrm{P}) d[a_k(\underset{\rightarrow}{\delta_u})] = \int_{\underset{\rightarrow}{D}} \varphi(\mathrm{P}) \frac{D(u_1, u_2, \cdots, u_k)}{D(x_1, x_2, \cdots, x_k)}(\mathrm{P}) d[a_k(\underset{\rightarrow}{\delta_x})],$$

---

[1] このことはひじょうに例外的な多様体の場合を除いて成り立つ；すなわち，三次元空間のときには，平面 $x_i = \mathrm{const.}$ 上の弧のみを含むような曲線の場合を除いて，および $x_k = x_i = 0$ に平行な母線を持つ円柱部分を含む曲面の場合を除いて．

ここに記号 $\underset{\rightarrow}{D}$ は，右辺において，諸部分 $R, R_1, \cdots$ の一つの中に横たわる多様体の各領域 δ にそれの射影 δ_x の k 次の面積を与え，かつ向きのある領域 $\underset{\rightarrow}{D}$ の部分 $\underset{\rightarrow}{\delta}$ の射影としての δ_x の向きに対応する符号を持たせることを示している．

得られた公式は次のようにも書ける：

$$\int_{\underset{\rightarrow}{D}} \psi(x_1, x_2, \cdots, x_n) d[a_k(\underset{\rightarrow}{\delta_x})] = \int_{\underset{\rightarrow}{D}} \psi(\mathrm{P}) \frac{D(x_1, x_2, \cdots, x_k)}{D(u_1, u_2, \cdots, u_k)}(\mathrm{P}) d[a_k(\underset{\rightarrow}{\delta_u})],$$

これは左辺の記号を定義するもので，$k=1$ のときは**曲線積分**，$k=2$ の時は**曲面積分**と呼ばれる．

もしも D を支える多様体が例外的で，右辺の行列式がいたるところゼロとなるような部分を含むという場合には，この部分は積分には何らの寄与もしないと考えられるであろう．

用いられる変数 x_i がそれらの添数の自然な順序の最初に並ぶ k 個のものでない場合は，ただちに上のものに引き直される，というのは二つの変数の順序の交換は，向きの符号を，よって a_k の符号を変えることにすぎないからである．

114 グリーンの公式 上の定義の重要な応用は，グリーンの公式とそれの一般化である．

§108 の最後の公式を，§96 の不等式系によって定義される単純領域の場合に，再び取り上げよう．それは次のように書かれる．

$$\int_A \varphi(\mathrm{P}) dA_k = \int_{P_{1,2,\cdots,k-1}} \left[\int_{a_k(x_1,\cdots,x_{k-1})}^{b_k(x_1,\cdots,x_{k-1})} \varphi(x_1, \cdots, x_k) dx_k \right] dA_{k-1},$$

ここに記号 A_k および A_{k-1} は次数 k および $k-1$ の面積を表わす．

もしも上式の右辺において

$$\varphi(x_1, \cdots, x_k) = \frac{\partial}{\partial x_k} F(x_1, \cdots, x_k)$$

であるならば，単一積分が実行できて，次式が得られる：

VII 積分法と微分法

$$\int_{P_1, \cdots, P_{k-1}} F[x_1, \cdots, x_{k-1}, b_k(x_1, \cdots, x_{k-1})] dA_{k-1}$$

$$-\int_{P_1, \cdots, _{k-1}} F[x_1, \cdots, x_{k-1}, a_k(x_1, \cdots, x_{k-1})] dA_{k-1}.$$

そのうえ, $\varDelta$ の二つの境界多様体

$$x_k = a_k(x_1, \cdots, x_{k-1}),$$
$$x_k = b_k(x_1, \cdots, x_{k-1})$$

は,すでに指示した正則性を残らず持っている $k-1$ 次元多様体

$$\Sigma : \quad x_i = S_i(u_1, \cdots, u_{k-1}), \quad (i=1, 2, \cdots, k)$$

の二つの部分多様体 Σ_1 および Σ_2 であると仮定しよう.

関数行列式 $D(S_1, S_2, \cdots, S_{k-1})/D(u_1, u_2, \cdots, u_{k-1})$ は,それにおいて $x_1, \cdots, x_{k-1}$ を $u_1, \cdots, u_{k-1}$ の代りに代入できるから,Σ_1 および Σ_2 の上では,それぞれ,一定符号を保つ,これと反対に,Σ_1 と Σ_2 に共通な境界点を含んでいる任意の部分においては,そのような代入は不可能であるから,上の行列式は符号を変える[1].

ところでこの関数行列式は,多様体の上に一つの向きが選ばれたときに,$x_1, \cdots, x_{k-1}$ の座標空間上へ射影された領域に与えらるべき向きを定めるものである;よって Σ の上に,射影されたとき Σ_2 に正の向きを与えるような向きが取られるならば,上の積分の値はまた

$$\int_{\vec{\Sigma}} F[\mathrm{P}] d[A_{k-1}(\underrightarrow{\delta_{x_1, \cdots, x_{k-1}}})]$$

と書かれる.

このようにして得られた結果はグリーンの公式を構成する.それは別な諸領域や,また保存される変数が添数の自然な順序に並べられた座標 $x_1, \cdots, x_{k-1}$ でない場合を調べることにより,普通の仕方で完全にされる.

---

[1] このことの確立は精確にしなければならないであろう.それは関数行列式が有限でゼロにならないことを仮定する古典的な命題よりはもっと一般な陰関数の定理の陳述に基づくものである.もしも普通の空間および平面に限定するならば,その精確化は容易で,かくして一般な場合を十分に処理するに必要な指図が得られるであろう.

115 曲線の長さ・曲面の面積の諸概念の一般化 　　変数変更の重要な別な応用は，曲線の長さおよび曲面の面積の諸概念 (第 V 章) の一般化である. 次にこの一般化された概念を，例えば §62 および §64 において，長さおよび面積に対してはしばしばなされたと私がいったような，ある積分を定義としてとることにより，定義してみよう. このことを手早く調べた後，これもよく知られていることだが，もう一つ別な説明法を指示しよう，それは前に §97～100 においてなされた k 次の面積の予備的研究を免除し，それなしに積分の研究に取りかかることを許すものである.

前にやったところでは，面積の予備的研究は，論理的見地からは，ただ求積可能領域の概念に対して役立っただけである. ところでそのような領域の定義は，説明なしに与えることのできる区間の k 次の面積の値にのみ依存するもので，以上の研究なしに与えることができるであろう. このことから積分の定義が従う.

そうだとして，線分 $a \leqq x \leqq b$ の長さが $\int_a^b dx$ であるとしよう; 平面 x_1, x_2 の求積可能領域 $\varDelta$ の面積は $\int_\varDelta dx_1 dx_2$ なる式であるとし，またより一般的に，空間 $x_1, x_2, \cdots, x_k$ の求積可能領域の k 次の面積は $\int_\varDelta dx_1 dx_2 \cdots dx_k$ なる式としよう. §110 の式から，この面積が選ばれた直角座標に無関係であることがただちにわかる，というのはそのような座標の一つの系から他の系へ移るさい，考えるべき関数行列式は ±1 だからである.

そのうえ，一つの区間に対しては，ただちに区間の寸法の積が見出される; よってこのように定義された k 次の面積は，k 次の求積可能領域に対して定義されるところの，加法的で，正で，区間の場合には寸法の積になるような関数である.

このことはこの概念が §97～100 の概念と，もし後者がすでに学ばれているときは，一致することを確立するし，もしそうでないときは，それらの節において指示された事実を手早く再発見させる.

そうだとして，n 次元空間の k 次元多様体で直角座標により

$$\mathrm{I}: X_i = F_i(u_1, \cdots, u_k), \quad (i=1, 2, \cdots, n)$$

によって定義されるものを考えよう．

もし n 次元空間の直角座標のある変更がそれを

$$\text{II}: \begin{cases} x_i = G(u_1, \cdots, u_k), & (i=1,2,\cdots,k) \\ x_j = 0, & (j=k+1,\cdots,n) \end{cases}$$

によって定義されることを許すならば，その多様体は**線形**であるという．

u の空間の求積可能領域 $\varDelta_u$ は，線形な多様体の上での領域 $\varDelta$ に対応する，それを k 次求積可能であるといおう；上に考慮したような変数変更だけしか使わない場合，このような領域の族が，選ばれた変数 u には依存しないことをわれわれは知っている（§110）．領域 $\varDelta$ には，空間 $x_1, \cdots, x_k$ において，求積可能な領域 $\varDelta_x$ が対応する．

もしも n 次元空間の別な直角座標 x_i' の助けで標準的な形 II に到達したならば，§95 の直交条件は $x_1, \cdots, x_k$ から $x_1', \cdots, x_k'$ への移行が k 次元空間の直角座標の変更であることを示すであろう，よって，k 次の面積はそのような変更によって変わらないので，われわれは **k 次元の線形多様体の求積可能領域 $\varDelta$ の k 次の面積**について語りうるであろう；それは $\varDelta_x$ の k 次の面積であるわけだ．後者は値として

$$\int_{\varDelta_x} dx_1 dx_2 \cdots dx_k = \int_{\varDelta_u} \left| \frac{D(G_1, \cdots, G_k)}{D(u_1, \cdots, u_k)} \right| du_1 du_2 \cdots du_k$$

を持つ．

この式はまた

$$\int_{\varDelta_u} \sqrt{S\left\{ \frac{D(x_\alpha, \cdots, x_\lambda)}{D(u_1, \cdots, u_k)} \right\}^2} du_1 du_2 \cdots du_k$$

と書かれる；総和 S は系列 $1, 2, \cdots, n$ の中で選ばれる k 個の添数 $\alpha, \cdots, \lambda$ のあらゆる組合せについて取られるものとする．このことはこれらの行列式の一つだけがゼロと異なるから明白である．

ところで，もし

$$x_i = \alpha_i + \sum_{j=1}^{n} a_i{}^j X_j, \quad (i=1, \cdots, n)$$

であるならば

$$\frac{D(x_\alpha, \cdots, x_\lambda)}{D(u_1, \cdots, u_k)} = S\left[\frac{D(F_{\alpha'}, \cdots, F_{\lambda'})}{D(u_1, \cdots, u_k)}\begin{vmatrix}a_\alpha{}^{\alpha'}\cdots a_\alpha{}^{\lambda'}\\ \cdots\cdots\cdots\cdots\\ \cdots\cdots\cdots\cdots\\ a_\lambda{}^{\alpha'}\cdots a_\lambda{}^{\lambda'}\end{vmatrix}\right]$$

が従う,総和 S はもとの添数のあらゆる組合せについて取られることを意味する.

直交条件から古典的な計算によって

$$S\begin{vmatrix}a_\alpha{}^{\alpha'}\cdots a_\alpha{}^{\lambda'}\\ \cdots\cdots\cdots\\ \cdots\cdots\cdots\\ a_\lambda{}^{\alpha'}\cdots a_\lambda{}^{\lambda'}\end{vmatrix}^2 = 1, \quad S\begin{vmatrix}a_\alpha{}^{\alpha'}\cdots a_\alpha{}^{\lambda'}\\ \cdots\cdots\cdots\\ \cdots\cdots\cdots\\ a_\lambda{}^{\alpha'}\cdots a_\lambda{}^{\lambda'}\end{vmatrix}\cdot\begin{vmatrix}a_\alpha{}^{\alpha''}\cdots a_\alpha{}^{\lambda''}\\ \cdots\cdots\cdots\\ \cdots\cdots\cdots\\ a_\lambda{}^{\alpha''}\cdots a_\lambda{}^{\lambda''}\end{vmatrix} = 0$$

が導かれる,第一番目の総和はあらゆる組合せ $\alpha', \cdots, \lambda'$ にわたって取られ,第二の総和は異なった組合せのあらゆる組 $\alpha', \cdots, \lambda'$; $\alpha'', \cdots, \lambda''$ にわたって取るものとする.

これより次式が書ける:

$$a_k(\Delta) = \int_{\Delta_u} \sqrt{S\left\{\frac{D(x_\alpha, \cdots, x_\lambda)}{D(u_1, \cdots, u_k)}\right\}^2}\, du_1\cdots du_k.$$

この式は,$a_k(\Delta)$ がこれまでに定義されたただ一つの ものである線形多様体に対して確立されたので,われわれは k 次の多様体の任意の求積可能領域 Δ に対する $a_k(\Delta)$ の定義自身として,これを採用しよう.上に述べた計算は,この面積が選ばれた直角座標系に無関係であることを示しており,§83 の諸注意を一般化することにより,この k 次の面積が条件 $\alpha, \beta, \gamma, \varepsilon$ によって定まることは容易に知られるであろう.

そのうえ第 V 章全部を再び取り上げることができよう;私はそれをやろうとはしないが,**私の目的は,k 次元空間の領域に対して,§97~100 のそれとは違った a_k の定義法を指示するだけにあったからである**.

本章を終えるにあたって,生徒たちと直接に一般の場合を調べ添数についてまごつかせることは,教育学的には,全く許されないことであるということを思い起してもらわねばならないと思う.私がそれをやったのは,簡単化のためであり,それから,考える領域族をはっきりさせるために欠くことのできない用心が,ともするとわざと忘れられるということ,また二次元または三次元に

すぎない場合になじんでいる事柄が n 次元に対してわかりきった明白なこととして受取られるということ，を示すためであった．

Ⅷ 結　　論

　今まで述べた諸章は何ら科学的結論も教育学的結論も必要としない．それらはある説明法を他の説明法よりも優っているとして，教育を凍結させることを狙うものではない；それとは反対に，それらはいろいろな数学的事実を提示する各やり方の長所と短所とを示そうと努めたのである．もしもあまりよく知られていなかった手続きをこれまでよりも詳しく述べることが役立つと思われても，それは決してそれらが優先されなければならないといいたいわけではない．古典的ないろいろな説明法のしかじかの短所，間違い，不備を挙げるとき，私は決してそのことを責めるつもりはなかった．それとは反対に，私はそれらを改善することに役立たせたいと考えるのだが．このことは，私の考えでは，いろいろな説明法の批評的な比較研究によってのみか得られるものである；私は量の測度に関することについて，このような研究を行うことを試みてきたのである．

　そして私の考えるところでは，もしもそのような諸研究が教育学的進歩に欠くことのできないものであるなら，もしそれらが話さるべきことをうまく選び出しかつ話される理由をよく知るのに必要であるならば，それらは将来の教師に求めらるべきすぐれた教育的訓練となるであろう．

　このことはすでに初めに述べたことであった．ここでまたそれに立帰ろうとするのは，私が将来の教師にやってもらいたいと思う努力が，現在実際に求められているものといかに異なっているか，そしてそれが彼らにもっと進歩した技術的熟練なり哲学的知識を獲得させることを狙うものではないことを，今やよりよく説明することができそうに私に思えるからである．

　普通は，数学の基礎が問題にされるときはいつでも，哲学的見解が取られる．私は思い切ってそれはしなかった．それである人はこのような態度の中に

哲学に対する侮辱を見た.

いいえ，私の良い先生であったジュール・タンヌリーはいっておられた：「少なくとも仮にも，自分の知らないことを尊敬するのは打算的である」と．他方において，いかに私が無知であるとはいえ，私が忘れることがないのは，哲学者が，より単純な諸問題，科学にかかわり合う諸問題，を孤立化させるに到ったのは，彼らが定式化することさえできないくらい難しい諸問題について，長い間考察してきたからだということである．

われわれは哲学を尊敬すべきである．しかしだからといって，それがわれわれの科学をよりよく理解するためにも，またそれを進歩させるためにも，助けになりうるとは限らない．事実は，諸科学がとりわけ発展したのは，それらが自らの独立性を自覚し哲学から分離したからである．

哲学者が，しかじかの方法が科学の領域において成功をおさめたから，それらが自分たちにも役立たないかと調べることは，それは自然で妥当なことである．それは易から難へ赴くことである．しかし精確で確定的な解答を与えうるくらいに単純な諸問題を研究するところの数学が，不精確で不安定な答えに満足しなければならない哲学に求めるなどということは，私は容認できなかったのである．

そのうえ，哲学的な諸問題は，数世紀以来そのあるものは天才に恵まれた人々によって，あらゆる方向によくよく吟味されてきた．一人の数学者がいくらかの余暇をいろいろな反省に捧げたから彼の哲学的解答をもたらす権限が与えられると信じようとすることは，耐えられない，そしてまた素朴な，うぬぼれではないだろうか？ 私の無能力を率直に認めることで，私は哲学に対して心からの本当の尊敬が証明されると思う．

私の意見では，数学者は，数学者であるかぎり，哲学に没頭すべきではない．なおこれは多くの哲学者によってはっきり述べられた意見でもある．反省の，また理解の努力は，数学の哲学との関連に向けられないで，いわば数学の内部になされるべきである．なるほど，彼が専心取扱わねばならない諸問題には，哲学的問題と同じ美の様式も，人間的な胸を刺すような興味もない．しか

しながら，もしわれわれが科学のための科学の哲学というものを築くのに成功するならば，この第二帯の哲学はおそらく真の哲学に対して最も有効な助けとなるであろう．

　数学の教師は彼もまたその活動範囲を客観的なものに限定できねばならない．彼は科学的教養を身に付けるべきであり，彼の哲学の同僚だけが哲学的教養を身に付けるべきである．

　このようにいくらか物質的で手仕事であるものにだけ従事することにすれば，必然的に数学は物理学の部門の一つになる．とはいうもののこの部門は，観察に助けを求めるのは，定義や公理を得るために，初めだけであるという点で，他の分野と異なっている．数学者が一つの命題を大なり小なり鮮明に予測したときは，物理学者がやるように経験に訴える代りに，彼は論理的証明を探す．彼にとっては論理的確証が実験的確証にとって代わる．つまり，彼は改めて発見することは求めないで，彼がすでに自覚しないで持っており，定義の中や公理の中にしまい込まれているところの，富を自覚しようと努める．このことから，これらの定義や公理の主要な重要性が従う．確かにこれらは，論理的には単に無矛盾であるという条件に従うのみであるが，もしそれらが現実と何のかかわりあいも持たないならば，それらは何の意味もない，全く形式的な科学に導くだけであろう．

　数学の教師，特に中等教育の教師は，純粋な論理学者となってはいけない．彼は合理的な人間を陶冶することに貢献すべきで，そのためには単に論理的推論に従事してはいけないので，これらの推論の前提を獲得することおよびこれらの諸結果の具体への応用に従事せねばならない．ここに論じた諸問題の中では，私はこの最後の点について話す機会をほとんど持たなかった．それは重要さが少ないわけではない．具体物から出てまた具体物に帰ることを十分指示しないと，生徒の上に言葉の軽悔的な意味での幾何学的精神を獲得させ，確かめられていないデータから出発して，図々しく推論することをやらせる危険があるであろう．生徒たちに，数学の外側では少しも数学的には証明されないこと，だがしかし論理学がどんな状位においても役立つことを考えさせる必要が

ある．数学は必要のために人類によって創造されたものであり，それは実際彼らにとって貴重な補助物である．数学の教師は行動の教師に止まるべきである．哲学的疑問を取り上げることは彼にはふさわしくない．なぜなら彼の哲学の同僚のようには，それを呼び起して同時に訓練する時間と手段を持たないだろうから．

　私は将来の教師が技術的なスキルを獲得し教科書を切り売りできることが十分だとは思わない．教えねばならないことを論理的でかつ教育的な批評の精神で，じっくりと反省することを求めておかねばならないだろう．独力でかまたはなんらかの教育によって助けられるかして，おのおのの主だった章について，私が本書において量の測度に関し指示したことに類比な研究を行っていることが必要であろう．

　将来の教師たちはこの研究からどんな教訓を引き出せるであろうか？　まず第一に，熟知したうえで，数学的事実のさまざまな説明法から選び出すには，それらを比較し，それぞれの長所と短所を調べておくことが必要である．これをやったとして，必要ならば，自ら新しいものを作る準備をすることである．これらすべては全く明らかなことで，よりいっそう隠されている諸恩恵に進もう．推論を探っている間に，もしも論理のすべての力が経験されるならば，それのすべての必要性も見出され，応用数学において欠くことのできない用心が知られるようになる．

　各章において，私は§3の算術に対し述べた事柄を繰り返せたであろう．この章は適用されるときは適用されるのである．応用においては，われわれの絶対的推論は，ただ相対的真理にしか導かない．われわれの論理的な前提とそれが翻訳しようと思う現実との間には，常にいくらかの不一致があるものである．例えば，われわれは無理数の古い問題に出会ったことがある．古代の人々は，分数の助けによって，人間のあらゆる経験に対し完全に十分な連続性を構成した．到達しうる限り精密なものであったが論理的には不十分であった．それによって論理的に推論することができるような概念を得るには，測定の演算の系列を形而上学的に拡張することが必要であった（§7, 55）．具体的なもの，

あるいはわれわれにそのように見えるところのもの，を調べるには，われわれは現実の拡張に進まねばならなかった．

面積の概念の場合には，用いられた手続きは，私が再述したばかりの長さに関するものとは，いわば逆である．面積に論理的な基礎を与えるには，われわれは特別な領域，すなわち求積可能領域に限定せねばならなかった．もちろん，将来の教師にむけて話しかけられる授業においては，二，三の例によって，ここでは，ただ可能と考えられただけの，求積不能領域の存在の証明が与えられるだろう．かくして，いかに小さな $\varepsilon > 0$ に対しても，お互いに，また D とも，その違いが ε より小さくて，しかも面積の違いは定まった正の数より大きいところの，二つの多角形が見出されるような領域 D が考えられるであろう．いわば面積の物理学的概念が崩壊し，われわれはすべての場合にそれに論理的な意味を与えることを放棄したのである．D に面積を再び与えるには，以前に長さの単位の上に作られた正方形の対角線に長さを再び与えるためにやったように，数の概念の新しい拡張に進むことが必要であろう．そしてこの拡張はわれわれに最初は認め難く法外なものに見えるであろう．

これらの確かめは，将来の教師に数学者の努力というものが少なくとも最初は現実を狙って行われてきたことを思い起こさせ，かつそれについてあえて話すことを彼らに促すであろう．それらはまた彼らに論理が知能に供給するあらゆる手段を示し，かつ知能なしでは論理はただ意外の失敗にしか導かないことを示すであろう．

物理学の教師だったら，経験を尊敬することにより，物理学的研究において知能の介在を隠さねばならないとは思わない．数学のあまりに多くの教師は，論理学を尊敬することにより，数学を一本道での演繹の必然的展開として提示せねばならないと思う．是非はともかく，ある定理に何がしかの数学者の名前が結びつけられないと，生徒は数学が人間の所産にすぎないものであることを忘れがちである．諸前提の選択について決して話されないし，そのような命題が一人の学者の想像力によって得られたものであることをあえていおうとはしない．実際の様式でなされる一つの命題の論理的提示をそれの発見と混同す

る．ある教師たちのいうことを聞くと，ニュートンは全く積分を理解しなかったし，オイラーは級数を知らなかったし，ラグランジュは関数であるものを知らなかったと思っているらしい．いたるところ自然な証明が求められる——六ヵ月の研究の後，三角形の三つの垂線が一点に会するという事実の自然な証明をとうとう見つけた！　といって喜んだある人のことが話された——そしてこれらの自然な証明の力で，発見の術を教育しようと思うのである．

　再発見の方法が発見の真の方法であることが本当であったなら，それは知れわたることだろう．なぜならわれわれは再発見の数限りない主役の発見の下に埋められるかもしれないから．しかし，全く反対で，あまりに系統的に再発見に基づいた教育は，非発見の教育にさえなるであろう．なぜなら，発見するためには，定石でない**非自然的な**接近をすることが必要であって，再発見の方法は，常に同じで，ある種の一般的な推論に向って生徒を導き，かつ生徒をして次々に，省略することなく，それらを試みることを学ばせるにあるからである．なるほど，それは問題になっている諸推論に従う問題が提出されるからそれを解くことを許すのである．しかし知的な仕事のこの合理化主義，この仕上げ方は，知能をして新しいアイデアを発見させるところの柔軟性とは全く異なり，全く正反対のものである．

　他の点では再発見の方法はすぐれている．それは，昔生徒がただ受身の役割しか持たなかった沈滞した学級を，今の能動的役割を演ずる生徒たちがより良く諸命題の意義，意味，興味，目的を感じ取る生き生きとした学級によって置き替えた，中等高等学校における数学教育のこの変換において，主要な役割を演じたのである．用いられた推論と生徒におなじみの諸推論との血族関係を示すいろいろな証明，そのために自然と呼ばれる証明，を用いることもすぐれている．これらの証明をつくることができたことに気がついて，生徒たちはそれらをよりよく理解し，自分の力に自信を持つようになるのである．しかしながら再発見および自然な証明に，それらが与ええないことを求めてはいけない．それは教育のすぐれた手法である．それ以上のものではない．そしてこれらの手法は，もしもそれらが知能の役割を隠したり，数学することは文字に規定の

ようなものを当てはめることである，とほのめかすことに役立つならば，有害なものとなるであろう．

　ここに本書でやられたような批評的研究の過程において，必要と思われるあるいくつかの問題がある．そのうえ将来の教師たちが私が定式化したばかりの諸結論に達するかそれとも別の結論に達するか，それは私にはどうでもよい．しかし私は彼らが，基本的でもある諸点について，反省された意見を持つことを望みたい．

　私は批判的な研究について述べたばかりだが，本当に，例えば，整数について話すのに数えるという操作を記述することだけに限った場合，批判という名に値するような事柄をなしたのであろうか？　われわれは物の，数える物体の，概念を調べるべきではなかろうか？　われわれはただこの概念の任意性を暗示したのにすぎなかった．そしてこのことはわれわれを乗法に導いた (§ 10)．実はもっというべきことがある．物体の概念はそれについて批評的でない人にのみ明白であるにすぎない．物理学はそれを少しずつ破壊した．われわれは常に最もよく磨かれた固体が凸凹や毛穴を持っていること，また穴の中に，あるいは物質自身の中に，他の物，不純物や液体が含まれていることを知った．それからすべての固体がそれの蒸気によって作られる環境の中に浸っており，かつ絶えず変化することを知った．それから物質の原子理論や原子の天体的理論は，物の概念をますます不確かなものにした．いろいろな物に分けるということは，われわれの我のイメージの助けによって世界を簡単化して構成すること，われわれの素朴な祖先が少しははっきりと意識した唯一のこと，と違ったことであろうか？　もしも物の概念が絶対的価値を何ら持たないならば，整数のそれ，数 1 のそれさえも，あらゆる概念の中で最もごまかしのものではないか？　でそうすると，物の漠然とした概念を点というもっとつかみどころのない概念によって置き替えることによって，かちえられた一般な数の概念についてはどう言えるだろうか？

　明らかに私は良くない道の中に入ったのであり，私が相対的で等級別のある領域の中にいるのに，絶対的な物を求めることによって，最も不毛な疑いを投

VIII 結 論

げることしかやらなかったのであり，物の概念の本物の批評的研究は，外の世界を理解しようと努めるときのわれわれの思考の様式を調べることに密接に関係するであろう．そしてわれわれを数学の領域外に押し出すであろう．こう言ったからといって，私はその興味と重要さが決して疑われることのない哲学的批判にまで赴くことを禁止はしない．だがそれを有効に行うには十分な時間を捧げることができねばならないだろうし，それ以前の諸研究によって準備されていなければならないであろう．この批判のほかに，数学者の手の届くところにあるもう一つ別なものが存在する．それは私が論理的かつ教育学的と呼んだものであり，そしてそれと本来の哲学的批判との違いを指示することを切望したものであった．

　よく知られている幾多の重要な著作が，数学の他の分野へのそれの発展を目指すものとして，また哲学あるいは科学史を指向するものとして，初等的な数学の深い研究について関心を示している．私はそれの教育学的興味に向っての注意を促したいのである．

本書で訂正した原著のミスプリントその他

本書ページと行

8	↓ 8	tout ce qui a trait à cette notation の英訳 everything dealing with that notation は不鮮明.
13	↓ 9, 10	U と V を入れかえた.
15	↓ 9	on déterminera successivement T, U et S, a partir de V et de a, b, c par の英訳 We determine successively T, U and S beginning with V and a, b and c by は不鮮明.
19	↑ 9	$\sqrt{2}$ を 2 とした.
22	↑ 6	numération précise を「きっかりとした命数法」とした. 英訳の particular system of numeration は不鮮明.
23	↑ 8	原著では §17 は 4 行上の「これらの利点のほかに…」からになっている. 本書では英訳の変更に倣った.
36	↑ 3	précedents を succedents「後続する」とした.
42	↓ 3	$\varDelta$ を D とした.
43	↑ 13	§11 を §10 とした.
45	↑ 3	Nous avons démontré を「証明されるのである」とした.
46	↓ 4	dist O, AB を dist (O, AB) とした.
48	↑ 8	ABC… を入れた.
49	↑ 11	La démonstration est achevée は「上のことの証明は仕上げられる」とした. 英訳の The proof is now complete. は不鮮明.
53	↑ 9	ρ を ρ' とした.
53	↑ 2	一つの長方形 ρ の ρ をとった.
54	↑ 8, 5	ABMN を ABNM とした.
58	↓ 3	Comment nous en sommes nous passés ? は「どうしてそれなしですませられようか?」とした. 英訳の How have we managed to dispense with it ? は不鮮明.
64	↑ 13	「より小」を入れた.
66	↑ 10	§25 を §24 とした.
69	↑ 13	carrés を三角形とした.
	↑ 12	le petit carré sera de coté $b-a$ の英訳 The side of the little square is $b-a$ は不鮮明. outre le petit carré d'aire $(b-a)^2$ の英訳 in addition to the small circle of area $(b-a)^2$ は不鮮明.
70	↑ 10	aires を面分とした.
74	↑ 9	$(P_1+P_2+\cdots P_k)+(P_1'+P_2'+\cdots P_k')+\cdots$ を本文のように改めた.
	↑ 3	la face ΩXY を角 ΩXY とした.
75	↑ 10	suivant le sens pris par ωz の英訳 in the sense as ωz は不鮮明.
	↑ 6	HO を $H_i O$ とした.
82	↑ 6	ou sera を on sera として訳した.
89	↓ 2	$ax+bx^2+c$ を ax^2+bx+c とした.

本書で訂正した原著のミスプリントその他　　191

	↓ 5	meschanique を mecanique「機械的」とした.
93	↓ 9	Tout cela est donc à peu près inexistant; の英訳 All this is therefore very trivial. は不鮮明.
104	↑ 8	$|f-f_1|<\varepsilon$ を $|f(x)-f_1(x)|<\varepsilon$ とした.
	↑ 7	$\int_a^b f(x)d(x)$ を $\int_a^b f(x)dx$ とした.
107	↑ 2	avec certaines tangentes の certaines をとって訳した.
109	↑ 8	3を入れた.
110	↓ 4	「曲面の」を入れた.
111	↑ 14	à l'aide de rayons des paralleles は「平行射線の助けによって」で, 英訳の with the aid of radii of the parallels は誤り.
114	↓ 10	domain δ を平面部分 δ とした.
115	↑ 1	const., のコンマをとった.
116	↑ 8	l'existence de polyèdres を「多面体状面 P の存在」とした.
	↑ 6	d'un tel polyèdre Π を「§73に述べた任意の近似多面体 Π」とした.
	↑ 5	π を Π とした.
117	↓ 1, 2, 5, 6, 9	式中の分子の $\beta-\alpha$ を β, $\gamma-\alpha$ を γ とした.
	↑ 5	région $\mathfrak{R}$ を面分 $\mathfrak{R}$ とした.
118	↓ 4, 6	région polygonale $\mathfrak{R}_1, \mathfrak{R}_2$ を「多面体状面分 $\mathfrak{R}_1, \mathfrak{R}_2$」とした.
	↓ 5	$>$ を $\geqq$ とした.
	↑ 10, 12, 13	$\varDelta$ を $\varDelta'$ とした.
120	↓ 9, 12	domaine polygonal を「多面体状面分」とした.
	↑ 6	$\varDelta_2$ を $\varDelta_2'$ とした.
126	↑ 5	uv を u, v とした.
136	↑ 9〜5	Appliquant ce résultat au rapport $$\frac{r}{g}<\frac{n}{m+1}$$ を訂正加筆して, 本文のようにした.
137	↑ 12	domains quarrables を「面積を持つ面分」とした. 英訳の measurable domains はここでは不適当であろう.
140	↑ 1	une grandeur géométrique を「幾何学的量の値」とした.
143	↓ 8	x, y, z, t, g を g, x, y, z, t とした.
149	↓ 12	「数 $a_k(D)$ は D の k 次の面積と呼ばれる」を入れた.
149	↑ 12, 5	I を I_0 とした.
150	↓ 12	I を区間 I_p とした.
151	↑ 10	I_p を I_p' とした.
	↑ 2	$(M+\zeta_p)$ を $(M+\xi_p)$ とした.
152	↓ 6	$a_k(J_h)$ を $a_k(J_p)$ とした.
	↑ 11	$\mathcal{E}, \underline{\mathcal{E}}_p, \overline{\mathcal{E}}_p$ の $\mathcal{E}$, をとった.
	↑ 7	$\mathcal{E}$ の前に「E の像」を補った.
153	↓ 6	$\left[\frac{1}{10^p}+\frac{1}{10^{p+q}}\right]^k - \left(\frac{1}{10^p}\right)^k = a_k(I)\left\{\left(1+\frac{1}{10^q}\right)^k-1\right\}$ を本文のようにした.
	↓ 9	$a_k(E_p) \cdot \left\{\left(1+\frac{1}{10^q}\right)^k-1\right\}$ を本文のようにした.

192

153	↑11	E_p の内部を「E の内部」とした.
155	↓10	une fonction du point P を「点 P における関数値」とした.
	↑3	「絶対値において」を入れた.
156	↓4	k を h とした.
157	↑4	$V'(\delta_J)$ を $V(\delta_J')$ とした.
158	↓2	「絶対値において」を入れた.
	↑5	comme limite d'une somme を「和として」とした.
163	↓13	「任意に小さい」を補った.
164	↓2	$\int_{S(A)}$ を $\int_{S(x_1)}$ とした.
	↓9	$\int_a^{b_1}$ を $\int_{a_1}^{b_1}$ とした.
168	↓2	$\dfrac{x^1-x^2}{u'-u''}$ を $\dfrac{x_1-x_2}{u'-u''}$ とした.
169	↓1	$A(x_1, x_2, \cdots, x_k)$ を $A(x_1, x_2, \cdots, x_k, u_k)$ とした.
	脚注	$\partial A_i/\partial u_i$ を $\partial A_i/\partial u_j$ とした.
170	↑6	Nous partitions d'intégrale étendue à des domains を「諸領域 D にわたって取られる一つの積分から出発するものとしよう」とした. 英訳の We started with an integral over domains は不鮮明.
174	↑1	la region bornée considérée を「多様体の考える有界部分」とした. 英訳の the closed region in question は誤り.
175	↓2	「もし一つの部分 R に対して」を補った.
176	↓6	$\int \phi(x_1, x_2, \cdots, x_u)$ を $\int \phi(x_1, x_2, \cdots, x_n)$ とした.
177	↓1,2	$\int_{P_1, \cdots, P_k}$ を $\int_{P_1, \cdots, P_{k-1}}$ とした.
179	↓11	x' を x_i' とした.
188	↓10	? を入れた.

第 2 刷における追加

39	↓12	$\mu_i/100^t$ surpasse ab d'aussi peu quón le veut. を「$\mu_i/100^t$ は ab を任意小量だけ超える値にたかだか等しい」とした.
	↑8	$\mu_i/100^t$ surpasse d'aussi peu quón le veut $\dfrac{a}{2}\cdot\dfrac{b}{2}+\dfrac{a}{2}\cdot\dfrac{b}{2}=\dfrac{ab}{2}$ を「$\mu_i/100^t$ は $\dfrac{a}{2}\cdot\dfrac{b}{2}+\dfrac{a}{2}\cdot\dfrac{b}{2}=\dfrac{ab}{2}$ を任意小量だけ超える値にたかだか等しい」とした.
44	↑4	「面分族の二つの面分の合併はまたその面分族に属する面分で,」を付け加えた.
59	↑4	よっての次に「各 K に対し十分大きな $i_0(K)$ がとれて,$i \geqq i_0$ に対し」を入れた.
72	↓14	角柱を角台とした.

訳者あとがき

　本書はアンリ・ルベーグ（Henri Lebesgue）の著作 *Sur la Mesure des Grandeurs* の全訳である．この著作は，スイスのジュネーブに設立された L'Enseignement Mathématique（数学教育）発行になる同名の機関誌上に，第31巻から34巻にわたり1933年から1936年にかけて連載されたものである．1956年 Monographies de l'Enseignement Mathématique 1 として，同じところから一冊にまとめられて再刊されたが，1966年米国のメイ（K. O. May）教授による英訳が *Measure and the Integral* と題して Holden-Day, Inc. から出版された．訳者が上記ルベーグの著作に接近できたのはこの英訳のおかげであった．本書は数学と数学教育学との接点における他に類のない古典的論説であるが，その論ずるところは現代においても生き生きと読者の胸を打ち，反省を求めるものがある．訳者も深い感銘を受け，これをもとに金山靖夫君を誘って邦訳を考えた．それはもう四年近く前のことになる．その金山君は業半ばにして，昨年八月脳出血のため全く不意に世を去った．その少し前あたりから，英訳では不鮮明な個所でのルベーグの吐露せんとする真意を，原著について確かめることを試みていた訳者は，ついに彼にとっては第三外国語で書かれている原著自身に基づいて，全邦訳を完成させようと決心した．

　それは難渋な仕事であったが，しかし原著者との対話を深めるのに，無上の機会を持つことになった．昨年も押し詰って，たまたま新宿の小さな店の棚でま新しい吉田健一著『ポエティカ2』に出会った．その中に，「翻訳は一種の批評である．……翻訳に就て確かに言へることの一つは，我々が原作に何かの形で動かされたのでなければ，碌な仕事が出来ないといふことである．……そこには，我々が或る作品を愛読するのでない限り，その作品は我々にとって実在しないのだといふ，文学上の通則の一例が見られる．……」と書かれている

のを見て，勇気づけられた．

かくして，英訳においては，その序文に断ってあるように，原著にあるミスやミスプリントにほとんど訂正や変更を加えることなしに翻訳がなされているのに対し，本訳書では，それと思われる個所はすべて訂正するように努め，そのうえ各節にそのおのおのの内容を適切に表わすと訳者に思われるやや精しい表題をつけた．これによって著者独特のときには難解な思考の流れを，より適確にたどることができることを願っている．

本書においてルベーグは初等中等高等の各段階にわたって最も重要な指導内容である長さ，面積，体積などの量の測度について，いろいろな説明を試み，数学教育の立場からその長短を批判検討している．それは他に類のないもので，読者の思考を誘い，それを鍛えるものがある．ルベーグは「算術は実験的科学である」として，フランス経験主義者の一人とされているが，それがどんな意味かを本書は明らかにしている．始めに長さの測定から十進法に基づいて数概念を導入し，次いで面積・体積を取上げ，その上に曲線の長さと曲面の面積を論ずるが，必然的に公理の組立てに向かわねばならない所以を説く．このような基盤のもとに最後の章で渾然たる微分積分法をまとめるのである．

原著者ルベーグはもちろんルベーグ積分で有名なフランスの数学者であるが，一体どんな方だったのだろうか．今年はちょうど彼の生誕100年を迎えたわけで，1875年6月28日にパリの北70 kmのボーヴェイ (Beauvais) に生まれた．父はかなりの蔵書とまじめな知的趣味とを持った印刷職人であった．母は小学校の先生であった．父を早く失ったにかかわらず，地域の福祉事業のおかげで，続けて教育を受けることができた．1894年高等師範学校 (École Normale Supérieure) に入学，1897年卒業後，母校の図書館で二年間働いた後，ナンシーの中央高等学校 (Lycée Central) の教師となったが，重い授業負担を物ともせず，精力的に研究を続けた．その結果である博士論文 *Intégrale, Longueur, Aire* (積分，長さ，面積) が1902年に受理された．英国のバーキル (J. C. Burkill) は1944年の追憶文の中で，「この学位論文が，今までに数学者の書いた学位論文の中で最もすぐれたものの一つであることは，疑う余地が

ない」と述べているが，提出当時には，受理にかなりの反対があったという．しかし間もなく価値が見出され始め，間もなく大学に教職を得, 1906 年にはポアティエ大学に, 1910 年にはパリ大学に移った．やがて 1921 年には数学者として頂点のコレージュ・ド・フランス (Collège de France) の数学教授に, 1922 年にはパリ科学アカデミーの会員に選任された．そして 1941 年 7 月 26 日に 66 歳で亡くなったのであるが，あとには彼の母，妻，一人の息子と一人の娘が残った．1972 年から1973 年にかけて，シャトレ (F. Châtelet) とショケー (G. Choquet) 両氏の編集によって *Œuvres Scientifiques de Henri Lebesgue* (アンリ・ルベーグ科学全集) 全 5 巻が L'Enseignement Mathématique, Institut de Mathématiques, Université de Genève から刊行された．

彼の人柄についてメイ教授は次のように書いている．「ルベーグの諸概念は解析学の中で次第に支配的となり，次第に広がり続けたが，ルベーグ自身は当然予想されるような勢力を持たなかった．彼は政治的な人物ではなかった——大学関係の社会以外の党派政治に対しても，また大学の有力者であるために必要とされる上手な策動に対しても，何ら興味がなかった．大学の諸問題についても，また第一次世界大戦の間でも，彼は要求されたことだけをやった，とにかく独自の道を進んだのである．弟子や共同研究者はほとんど集めなかった．相変らず自分自身の仕事の価値を疑い続けていた．」

「明らかに，ルベーグは教授ということについての研究を捨てた専門家だったとか，あるいは革新者だったとかで記憶さるべきではない．それどころか，始めから終りまで，歴史と教授に関連して，数学的概念を考え深く解析した人であった．この研究態度が彼をして一つの画期的な創造へ，無数の貴重な結果へ，そして教師であり同時に解説者としての有益な仕事に満ちた生涯へ導いたのである」．具体的にはそのことが本書のいたるところに見出されるわけである．

教えること，「教授」については，ルベーグは数学研究の本質についてと同様に，独特で確固とした信念を持っていた．彼の弟子の一人であり，前に訪日したことのある女流数学者リュシアンヌ・フェリクス (Lucienne Felix) によ

れば，「大学教授が与えうる唯一の指導は，私の考えでは，学生たちの面前で考えるということである」と言っていたという．「これを実行するために，教師は絶えず自分の数学的教養を高め，同時に自分の講義や以前の教育学の慣例や教科書類を覚えようとしないことだ」,「学生は論理的観点からは申し分ないが，人間的観点からはそうでないような解からは，何物をも得ることはない」と信じていたようである．これらについては，前記英訳書に付けられている

K. O. May, "Biographical Sketch of Henri Lebesgue"
に紹介されているが，ルベーグと親しかった人々自身によるものとして，下記が挙げられる．

A. Denjoy, L. Felix & P. Montel, *Henri Lebesgue, le savant, le professeur, l'homme*, L'Enseignement Mathématique, 1957.

A. Denjoy, *Homme, formes et la nombre*, Librairie Scientifique Albert Branchard, Paris, 1964.

L. Félix, *Message d'un mathématicien: HENRI LEBESGUE pour le centenaire de sa naissance*, Librairie Scientifique et Technique Albert Branchard, Paris, 1974.

なお，ルベーグの本書における教育学的立場からの考察は別として，その数学的主題の長さと面積のルベーグおよびその後の諸研究については，詳細な解説が下記の書物によって与えられている：

Tibor Radó, *Length and Area*, American Mathematical Society Colloquim Publications Vol. 30 (1948), pp. 572, American Mathematical Society.

本書の完成に際し，訳者は改めて畏友故金山靖夫君の霊安かれと祈りたい．君は博学多識，しかも誠実な努力の人であった．

終りに本訳書原稿の浄写などに協力された井上秀子，三上伸子の諸嬢に，また本書出版に関し終始お世話になったみすず書房の荒井喬氏に，厚く御礼申し上げる．

1975年9月　東京にて

柴垣和三雄

索　引

ア

アダマール　J. Hadamard（仏 1865-1963）
　　32
網目　réseau
　　完全な——　r. total　36, 66, 149
　　正方形——　r. de carrés　36
　　立方体——　r. de cubes　66
アルキメデス　Archimedes（ギリシャ c.
　　287-212 B. C.）　8, 96, 103
　　——の公理　11

一意　unique　157
入れ子にされる　emboités　11
陰関数の定理　théoréme des fonctions
　　implicites　169, 174, 177

エルミート　C. Hermite（仏 1822-1901）
　　99
円　cercle
　　——の面積の任意的な定義　60
　　——は面積を持つ　59
円錐　cone de révolution
　　——の体積と面積　110, 111
円柱　cylindre de révolution
　　——の体積と面積　110, 111
演算　opération　12, 16
　　極限の——　155

覆う　couvrir　36
折り返し　symmetrie　41, 70, 171
　　直角の——　s. droite　70
　　斜めの——　s. oblique　70

カ

解析学的言語　langage analytique　114
回転　rotation　68, 148
回転体　corps de révolution　80
限りなく近づく　indéfiniment approchées
　　11
角　angle
　　——の測定　31, 32
　　円周——　a. inscrite　32
　　中心——　a. au centre　32
　　二平面の間の——　73, 117
角錐台　tronc de pyramide　71
角柱　prism　71, 152
角点の線　ligne de points anguleux
　　125
確証的性格　charactère de vérification
　　50
数える　compter　1
加法的関数　fonction additive　154
関数　fonction
　　曲線の——　f. d'une courbe　104
　　曲面の——　f. d'une surface　104
　　領域の——　f. de domaine　154
関数概念　notion de fonction　88
関数行列式　déterminant fonctionnel
　　171, 175, 177, 178
完全な報告　compte-rendu complet
　　1, 10, 80, 83, 101

幾何学的　géométrique
　　——概念　notion g.　94, 101
　　——事実　fait g.　16, 56, 84
　　——推論　raisonnement g.　56
　　——立場　cas g.　83

――定義　definition g.　101
――量　grandeur g.　138, 141
記号　symbole　4, 5, 7, 10, 80, 133
　資料的――　s. matériel　80
技巧的使用　l'emploi artificiel　50
偽善（数学の授業における）hypocrisie　19, 62
きっかりとした（正確な）exact　10
――小数（有限小数）nombre decimal e.　10, 15
――計算　calcul e.　26, 27
逆説　paradoxe　96, 100
球　sphère
――の体積と面積　110, 111
球帯　zone　110
――の切片　buseau de zone　110
球面二面角　dièdre sphérique　113, 141
球面三面角　trièdre sphérique　113, 141
求積可能　quarrable　149
教師　professeur
　数学の――　p. de mathématique　184
　物理学の――　p. de physique　186
極限　limite　27, 83, 155, 158
――移行　passage à la limite　99
――の存在　98, 107
曲線座標　coordonées curvilignes　170, 175
曲線積分　intégrale curviligne　172
曲線の長さ　longuer de courbe　93, 107
――に対する逆説　99
――の一般化　178
――の一般的定義　100
――の公理　$\alpha, \beta, \gamma, \varepsilon$　129
――の古典的解析学的定義　94, 101, 103
――の実験的決定　102
――の積分表示　108
――の第一の説明法　106
――の第二の説明法　122, 124

曲面積分　intégrale de surface　176
曲面の面積　aire de surface　93, 178
――の積分表示　119, 127
――の存在　119
距離　distance
――の一般化　178
――の公理　$\alpha, \beta, \gamma, \varepsilon$　129, 180
――の第一の説明法　109
――の第二の説明法　125
一点から接平面までの――　111
二点間の――　147
ギリシャ人　les Grecs　8, 27
近似　approximation
　位置と方向における――　app. en position et direction　105
近似値　valeur approchée　11, 18
　過小――　v. a. par défaut　11, 18, 30
　過大――　v. a. par excès　11
　1/10 までの過小――　v. a. par défaut á 1/10 près　19
近似的計算　calculs approchés　26
区間　intervalle　148, 149
――の関数　fonction de l'intervalle　162
具体的　concret　64
――から抽象的へ　64
具体物　objet concret　7
組分け　rangement　21
クライン　F. Klein（独 1849-1925）　83
グリーン　G. Green（英 1793-1841）　176
――の公式　176

経済の原理　principe d'économie　33
計算　calcul　6
――規則　règle du c.　7
――と行動　84
――と推論　84

索　引　199

k 次求積可能　quarrable d'ordre k　149
k 次元幾何学　géométrie à k dimensions　147
k 次元多様体　variété à k dimensions de l'espace à n dimensions　174, 178
k 次多重積分　intégrale multiple d'ordre k　161
k 次の面積　aire d'ordre k　149, 150, 179, 180
形而上学的　métaphysique
　——概念　notion m.　3, 131
　——懸念　crainte m.　6
　——実在　entité m.　2, 6
　——習慣　habitude m.　6
　——数　nombre m.　133
　——提示　presentation m.　57
原始関数　fonction primitive　166

語　mot　6
合同　égal　41, 138, 148
公理　axiome　4
　アルキメデスの——　11
　長さの——　129, 180
　面積の——　44, 73, 129, 180
　量の——　134
　連続の——　11
コーシー　A. L. Cauchy (仏 1789-1857)　94, 95, 96, 145
　——的転回　renversement　96
　——の手続き（幾何学的概念の算術化）　95
古典的説明法　l'exposé classique　45, 47, 73
根元的概念　notion première　57, 85, 94, 96
根元的要素　élément primordial　96

サ

再発見法　méthode de la redécouverte 187
座標　coordonnée　147
　——の変更　changement de c.　166, 172
　円筒——　c. semi-polaires　73
　球面極——　c. polaires de l'espace　73
　極——　c. polaires　51
　曲線——　c. curvilignes　170, 175
　直角——　c. rectangulaires　51, 147
　直線的——　c. rectilignes　170
三角形分割　decomposition en triangles　46, 49
算術　arithmétique　2, 5
算術化　arithmétisation　95
三レベルの公式　formule des trois niveaux　72, 77
式　expression　88
実験的　expérimentale
　——科学　science ex.　3, 44
　——結果　resultat ex.　3
　——決定　détermination ex.　101
　——数　nombre ex.　2
　——操作　opération ex.　1, 37
　——定義　definition ex.　2
　——立証　verification ex.　1
質量　masse　132, 146
シーファー　L. Scheefer　97
指標曲線　courbe indicatrice　128
指標曲面　surface indicatrice　128
射影　projection　151
射影の公式　formule des projections　74
射影の定理　théorème des projections　74
射程　portée　8, 15, 47, 53, 92, 133
集団　collection　1
　モデル——　c. type　34

十進法　numération decimale　5, 31, 45
シュワルツ　H. A. Schwarz (独 1843-1921)　97, 100
　——の異議　l'objection de Sch.　99, 105
準線　directrice　79
小誤差　petites erreurs　101
小数　nombre decimal　10, 17
小数点　virgule　10, 17
職人　ouvrier　91
ジョルダン　C. Jordan (仏 1838-1922)　97
ジラール　A. Girard (蘭 1590-1633)
　——の定理　112, 141

錐体　pyramide　79
随伴量　grandeurs concomitantes　145
数　nombre　1, 5, 7, 9, 10, 11, 56, 57, 83
　——の加法　12
　——の減法と除法　14
　——の乗法　13
　——の切断による定義　21
　基——　n. cardinal　2
　序——　n. ordinal　2
数学学級　classe de Mathématique　17
数学的定義　definition mathématique　123
数字　chiffre　10
砂場 (闘技場の)　Arénaire　8
寸法　dimension　148, 151

正確 (きっかりとした)　exact　26, 27
　——な計算　calcul ex.　26
　——な式　expression ex.　27
正射影の定理　théorème des projections orthogonales　63, 74, 118
整数　nombre entier　1, 2, 7, 17, 57
正方形　carré　36
　単位——36, 42

世界語　langue universelle　5
積　produit　14, 16
積分　intégral
　——学 (法)　calcul int.　78, 87, 89, 147
　曲線——　int. curviligne　176
　曲面——　int. de surface　176
　多重——　int. multiple　161
　単一——　int. simple　164, 165
　定——　int. définie　160
　不定——　int. indéfinie　161
　向きのある多様体の上の——　174
　向きのある領域の上の——　172
接合 (物理学的概念と解析学的定義との)　raccord　101
接線　tangent　103, 106
切断　coupure　21, 28, 95
　——の比較　22, 28
　——の方法　23
接平面　plan tangent　110, 111
説明法　exposé　9, 16, 182
扇形　secteur　60
線分　segment　9
　——の和　12

操作　opération　1, 10, 37, 66, 80, 83, 92
相似比　rapport de similitude　44
相似変換　transformation relative par figures semblables　44
双対的様相　aspect dualistique　96, 103
相対変位　déplacement relatif　67
増分比　rapport incrémentiel　163, 173
測地学者　géodésien　102
測定 (測度)　mesure　10, 11, 134
　——の段階　stade de m.　10
　角と弧の——　28
　幾何学的——　83
　長さの——　28
　物理学的——　83

索引 201

測量師　arpenteur　50, 102
存在　existence　19, 47, 90, 98, 107, 149, 157

タ

第一学級　classe de Prémière　17
大学入学資格（バカロレア）　baccalauréat　17
体積　volume
　——の公理　$\alpha, \beta, \gamma, \delta$　44, 73
　——の第一の説明法　66
　——の第二，第三の説明法　75
　角錐台の——　71
　四面体の——　71
　多面体の——　68
多角形　polygone　38
　外接——　p. circonscrit　96
　内接——　p. inscrit　96
多重積分　intégrale multiple　161
多面体　polyèdre　68
多面体角　angle polyèdre　140
多面体状面　surface polyédrale　115
多様体　variété　134, 170
　——の曲線座標　170, 175
　線形——　v. linéaire　179
タラバボウム　taraba boum　61
ダルブー　J. G. Darboux（仏 1842-1917）　131
タレス　Thalès（ギリシャ c. 624/40-546 B. C.）　28
　——の定理　28, 29, 30
単位　l'unité
　——線分　9
　——面分　37
単一積分　intégale simple　164, 165
タンヌリ　J. Tannery（仏）　2, 99, 131, 183

抽象的　abstrait　64

中等教育　l'enseignement secondaire　5, 6
稠密　partout dense　23
長方形　rectangle　37
　——の面積　37
直接的方法　méthode directe　131
直線的座標　coordonnées rectilignes　170
直交条件　othogonalité　147

通約可能　commensurable　21, 23, 27
通約不能　incommensurable　28

ディオファントス　Diophantus（ギリシャ 246?-330?）　26
定義　définition　103, 128
　——によって　par d.　61, 62
　——の自由性　104
　——の無矛盾性　104
　幾何学的概念のよい——，よくない——　101
　任意的な——　d. arbitraire　60, 103
定積分　l'intégrale définie　160
デカルト　R. Descartes（仏 1596-1650）　29, 95
　——の戒律　précepte de D.　29
哲学　philosophie　182
デデキント　R. Dedekind（独 1831-1916）　21
　——の切断　21
点　point　83
　——関数　fonction de p.　155, 156
　——の位置　103
　——の概念　notion de point　83
転回　renversement　96
点変換　transformation ponctuelle　147
デーン　M. Dehn（独 1878-1952）　55, 66

導関数　derivée　155
道具　outil　91
導来数　nombre derivée　155
　　一様収束性の——　156
　　有界な——　156
導来単位　unité dérivée　146
導来量　grandeur dérivée　146
特に完全な科学　la science parfaite par excellence　2, 3
凸な曲線弧　arc de courbes convexes　63

ナ

内接　inscrit
　　——多角形状線　ligne polygonale in.　96
　　——多面体状面　surface polyédrale in.　97
長さ　longueur
　　——と数　9
　　——の古典的定義　101
　　——の単位　43
　　——の比較　9
　　曲線の——　93, 178
　　線分の——　9, 28

二進法　numération binaire　6, 31
任意小量だけ超える　surpasser d'aussi peu qu'on le veut　39

ハ

破局　catastrophe　97, 98
薄片　tranche　77
汎関数　fonctionnelle　104
　　——の連続性　105

比　rapport　22, 33, 155
　　——の相等と大小　22
比例関係　proportionnalité　139

比例する　proportionnelle
　　——数　nombres p.　142
　　——二量　deux grandeurs p.　21, 31, 139
美（教材の持つ）　beauté　25, 50
ヒッポクラテス　Hippocrates（ギリシャ　470-400 B.C.)　62
微分法　dérivation　147, 155
標準尺度　échelle étalon　34
ヒルベルト　D. Hilbert（独 1862-1943）　47, 55
『幾何学の基礎』　47, 56
広場　place　57, 94

フェルマー　P. de Fermat（仏 1601-1665）　95
物体　corps　134
　　——の縮小　diminution de c.　137
　　——の分割　135, 138
物理学的　physique
　　——概念　notion ph.　101, 106
　　——事実　fait ph.　146
　　——立場　cas ph.　83
不定解析　analyse indéterminée　26
不定積分　l'intégrale indéfinie　161
ブートルー　P. Boutroux（仏 1880-1922）　2
不変性　invariance　42, 69
文　phrase　6
分解　décomposition　45, 46, 53
分割　division, partage　21, 39, 76, 135, 138
　　三角形——　46, 49
　　台形——　52
分数　fraction　15, 17, 24
分度器　rapporteur　32

ペアノ　G. Peano（伊 1858-1932）　96, 97, 99

平均値の定理 théorème de la moyenne 159
平均密度 densité moyenne 146
平行移動 translation 41, 69, 148
平方根 racine carrée 19
平面求積 quadrature 80
平面領域 domaine plan 36
変位 déplacement 69, 147, 171
変換 transformation 147, 169
　折返しによる—— t. par symétrie 171
変換式 formules du passage 147
変数変更 changement de variables 147, 166, 178
　積分法における—— 166

包絡線（直線の） enveloppe de droites 96
母線 générateur 111, 152
ボルヒャルト C. W. Borchardt（独1817-1880） 122
ボレル É. Borel（仏 1871-1956） 169
ボレル–ルベーグの定理 théoreme de Borel-Lebesgue 169

マ

丸みを持った立体 corps ronds 79

三桁数の算術 arithmétique des nombres de trois chiffres 83
密度 densité 146
ミンコフスキ H. Minkowski（独 1864-1909） 122

向き orientation 117, 171
無限 infini 27, 33
無限小解析 calcul infinitésimal 91
無理数 nombre irrationnel 18
　——の演算 22

明細目録 inventaire 91
命数法 systéme de numération 5, 24, 31
目盛り graduation
　——のついた円 g. circular 33
　完全な—— g. total 12, 66
面積（面分の） aire 35, 37, 44, 57
　——の公理 $\alpha, \beta, \gamma, \delta$ 44, 73
　——の公理的定義 44
　——の古典的評価（多角形） 47
　——の第一の説明法 35
　——の第二の説明法（多角形） 46
　——の第三の説明法（多角形） 50
　——の第四の説明法（多角形） 53
　——を持つ avoir une aire, quarrable 38, 137
　円の—— 59
　k 次の—— 149
　扇形の—— 60
　台形の—— 51
　多角形の—— 38, 45, 56
　長方形の—— 37
　符号づけられた—— 74
面分（平面領域） domaine plan 36
　——族 famille de d. 44, 45
　合同な—— d. égal 41
　向きづけられた—— 73
　面積を持つ—— 137

ヤ

有界変分関数 fonction de variation bornée 97
有限な finis
　——手続き procédé f. 50
　——同値 équivalence f. 53
　——な計算 calcul f. 26
　——な方法 méthode f. 51
有限増分の定理 théorème des accroissements finis 159

有理数　nombre rationnel　18, 50
ユークリッド幾何学　géométrie euclidienne　142
U-正方形　carré U　36

ラ

離婚（純粋数学と応用数学との）divorce　27
立体　corps　45
　丸みを持った——　c. rond　78
立体求積　cubature　80, 90
量　grandeur　132, 134, 154
　——の公理 a), b), c)　134, 135, 137
　——の和　135
　幾何学的——　g. géométrique　138, 410
　随伴——　g. concomitante　145
　スカラー——　g. scalaire　132
　測定可能な——　g. mesurable　130
　導来——　g. dérivée　146
　ベクトル——　g. vectorielle　132
領域　domaine　148
　曲面——　d. de la surface　125
　k 次求積可能な——　d. quarrable d'ordre k　149
　単純——　d. simple　148
　平面——　d. plan　36
　向きづけられた——　d. orienté　173
領域関数　fonction de domaine　154
　加法的——　f. additive　154
　正値な——　f. positive　154
　導来数有界な——　f. à nombre dérivées bornés　156
　連続な——　f. continue　154
累次法　récurrence　161
ルジャンドル　A. M. Legendre（仏 1752-1833）　141
歴史的事実　faits historiques　91, 95
歴史的要約　résumé historique　94
連続性　continuité　146
　k 次の——　105
　面積の——　152
　領域関数の——　154
連続的依存（データへの）dependance de façon continue de les données　101, 103
連続の公理　axiome de continuité　11
連分数論　la théorie des fractions continues　26

ロバチェフスキ　N. I. Lobačevskii（露 1793-1856）　142
　——幾何学　géométries lobatchweskienne　142
論理的　logique
　——ゲーム　jeux l.　4
　——射程　portée l.　133
　——正当化　légitimation l.　113
　——説明法　exposé l.　4
　——定義　définition l.　94, 103, 128

ワ

和　somme　12
　線分の——　12

著者略歴

(Henri Lebesgue, 1875–1941)

1875年フランスのボーヴェイに生れる．1894–97年高等師範学校に学ぶ．1897年数学の教授資格を得る．1899–1902年ナンシーの中央高等学校教授．1902年理学博士．1902–06年ランヌ大学講師．1906–10年ポアティエ大学教授．1910–19年パリ大学講師．1920–21年同大学教授．1921年コレージュ・ド・フランス数学教授．1922年パリ科学アカデミー会員．

訳者略歴

柴垣和三雄〈しばがき・わさお〉1906年金沢市に生れる．1929年東京大学理学部物理学科卒業．数学専攻．理学博士．九州大学名誉教授．前・東京理科大学理学部教授．2001年歿．著書『線形代数に直結した幾何学序説』(1972, みすず書房)『関数解析と数値解析入門』(1973, 森北出版) ほか．訳書 ポリア『帰納と類比』『発見的推論』(1959, 丸善)『数学の問題の発見的解き方』全2巻 (共訳, 1964, 1967, みすず書房) ほか．

アンリ・ルベーグ

量の測度

柴垣和三雄訳

1976 年 1 月 10 日　初　版第 1 刷発行
2016 年 11 月 18 日　新装版第 1 刷発行
2016 年 12 月 15 日　新装版第 2 刷発行

発行所　株式会社 みすず書房
〒113-0033　東京都文京区本郷 5 丁目 32-21
電話 03-3814-0131（営業）03-3815-9181（編集）
http://www.msz.co.jp

本文印刷所　理想社
扉・表紙・カバー印刷所　リヒトプランニング
製本所　松岳社
装丁　安藤剛史

© 1976 in Japan by Misuzu Shobo
Printed in Japan
ISBN 978-4-622-08590-4
［りょうのそくど］
落丁・乱丁本はお取替えいたします